1 2年生で習ったこと①

❶ 次の□にあてはまる数をかきましょう。　4点(1つ4)

① 100を4こ、10を3こ、1を8こあわせた数は　[　　　]　です。

② 100を7こ、1を5こあわせた数は　[　　　]　です。

③ 540は、10を　[　　　]　に集めた数です。

④ 1000を5こ、100を7こ、10を6こ、1を8こあわせた数は
[　　　]　です。

⑤ 100を32こ集めた数は、[　　　]　です。

⑥ 4800は、100を　[　　　]　に集めた数です。

❷ 下の数の直線を見て答えましょう。　20点(1つ5)

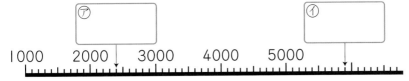

① いちばん小さい1目もりはいくつでしょう。　　（　　　　　）

② □にあてはまる数をかきましょう。

③ 4300を表す目もりに、↑をかきましょう。

❸ 何時何分でしょう。午前か午後をつけて答えましょう。　10点(1つ5)

① 朝ごはんを
食べる。

② 夕食の
じゅんび

（ 午前7時12分 ）　（　　　　　　　　　）

4 テープは何 cm 何 mm でしょう。 10点(1つ5)

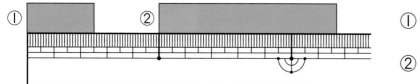

① ① (　　　　　　)

② ② (　　　　　　)

5 次の□にあてはまる数をかきましょう。 10点(1つ5)

① 180 cm = □ m □ cm ② 2 m 63 cm = □ cm

6 三角形と四角形を全部見つけて、記号で答えましょう。 10点(1つ5)

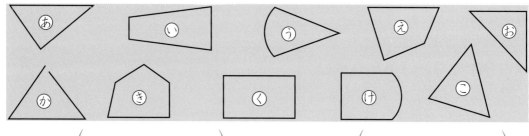

① 三角形(　　　　　　) ② 四角形(　　　　　　)

7 文ぼう具の数を調べて、グラフに表しました。 16点(1つ4)

① のりは何こでしょう。 (　　　　　　)

② いちばん多い文ぼう具は何でしょう。

(　　　　　　)

③ いちばん少ない文ぼう具は何でしょう。

(　　　　　　)

④ けしゴムは、はさみより何こ多いでしょう。

(　　　　　　)

文ぼう具の数

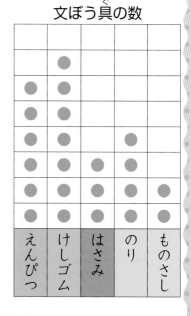

2年生の数・りょう・図形のふく習だよ。全部できるかな？

2年生で習ったこと ②

❶ 次の□にあてはまる数をかきましょう。　　　　18点(1つ3)

①　100を8こ、1を3こあわせた数は □ です。

②　10を35こ集めた数は □ です。

③　3025は、3000と □ をあわせた数です。

④　1000を9こ、100を6こ、10を8こあわせた数は □ です。

⑤　3700は、100を □ こ集めた数です。

⑥　10000より10小さい数は □ です。

❷ ㋐、㋑、㋒にあたる数をかきましょう。　　　　12点(1つ4)

5000　　㋐　　6000　㋑　　7000　　　　㋒ 8000

㋐（　　　　　）　　㋑（　　　　　）　　㋒（　　　　　）

❸ □にあてはまる長さのたんいをかきましょう。　　　　16点(1つ4)

①　教室のたての長さ…9 □　　　　②　えんぴつの太さ…8 □

③　下じきの横の長さ…18 □　　　④　つくえのたての長さ…45 □

❹ アのかどから直線を1本ひいて、2つの形に分けましょう。　　　　8点(1つ4)

①　三角形と三角形　　　　　　②　三角形と四角形

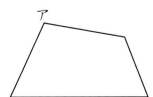

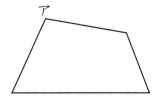

❺ □にあてはまる数をかきましょう。　　　　　　　　16点(1つ4)

① 1時間＝ 60 分　　　② 1日＝ ◻︎ 時間

③ 1時間40分＝ ◻︎ 分　　④ 120分＝ ◻︎ 時間

❻ 下の図で、長方形、正方形、直角三角形を見つけましょう。　12点(1つ4)

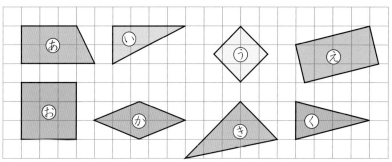

① 長方形　　　　　② 正方形　　　　　③ 直角三角形

（　　　　　）　　（　　　　　）　　（　　　　　）

❼ 下の箱の形について答えましょう。　　　　　　　18点(1つ3)

⑦
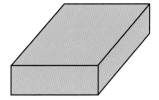

④
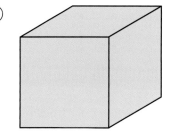

① 箱の面は、何という四角形でしょう。

⑦の箱（　長方形　）　④の箱（　　　　　）

② 箱の形には、面はいくつあるでしょう。　　　（　　　　　）

③ ⑦の箱には、同じ形の面がいくつずつあるでしょう。

（　　　　　）

④ 箱の形には、辺はいくつあるでしょう。　　　（　　　　　）

⑤ 箱の形には、ちょう点はいくつあるでしょう。（　　　　　）

③は長さを思いうかべてみると、あてはまるたんいがわかるよ。

3 一万をこえる数

❶ 下の図を見て、次の□にあてはまる数をかきましょう。　16点（1つ4）

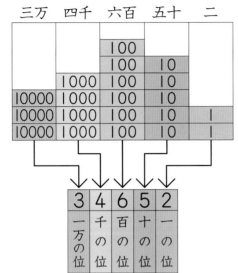

34652 は、

一万を ① 3 こ

千を ② □ こ

百を ③ □ こ

十を ④ □ こ

一を 2 こ　あわせた数です。

❷ 次の□にあてはまる漢字をかきましょう。　16点（1つ4）

① 一万を 10 こ集めた数を 十万 といいます。

② 十万を 10 こ集めた数を □ といいます。

③ 百万を 10 こ集めた数を □ といいます。

④ 千万を 10 こ集めた数を 一億 といいます。

一億は「いちおく」とよむよ。

❸ 25103876 について、次の数字は何の位の数字か答えましょう。　16点（1つ4）

2	5	1	0	3	8	7	6
千万の位	百万の位	十万の位	一万の位	千の位	百の位	十の位	一の位

① 5 （ 百万 ）の位

② 2 （ 　　 ）の位

③ 1 （ 　　 ）の位

④ 0 （ 　　 ）の位

④ 次の数をよみましょう。 　　　　　　　　　　　　　　24点(1つ4)

① 61342

(六万千三百四十二)

② 30158

( )

③ 480460

( )

④ 6058240

( )

⑤ 52781453

( )

⑥ 29034200

( )

> 4けたずつに分けると、位に一、十、百、千がくりかえし出てくるよ。

⑤ 次の数を数字でかきましょう。 　　　　　　　　　　28点(1つ4)

① 二万五千三百七十八 　　　　　　　(25378)

② 八百三十万四千六百十 　　　　　　( )

③ 二千四百九十三万四千二百五十七 　( )

④ 四千二百万六千三十 　　　　　　　( )

⑤ 三十四万五千六百九 　　　　　　　( )

⑥ 六百三万九千五百二十八 　　　　　( )

⑦ 二千八十五万三千九十六 　　　　　( )

位の大きい数をよむときは、右から4けたごとに区切っていくといいよ。

4 大きな数のしくみ

❶ 次の問題に答えましょう。　　　　　　　　12点(1つ6)

① 千万は百万の何倍でしょう。

(　　　　　　　　)

② 十万の 100 倍の数は何でしょう。

(　　　　　　　　)

❷ 次の□にあてはまる数をかきましょう。　　40点(1つ4)

① 80000 は、一万を 8 に集めた数です。

② 150000 は、一万を □ に集めた数です。

③ 150000 は、千を □ に集めた数です。

④ 3800000 は、一万を □ に集めた数です。

⑤ 3800000 は、千を □ に集めた数です。

⑥ 26000000 は、一万を □ に集めた数です。

⑦ 53240000 は、一万を □ に集めた数です。

⑧ 48 万は、一万を □ に集めた数です。

⑨ 一万を 12 こ集めた数は、□ です。

⑩ 千を 180 こ集めた数は、□ です。

大きな数では、位に一、十、百、千がくり返し出てくるよ。

❸ 次の数を数字でかきましょう。 36点(1つ4)

① 千万の位が5、百万の位が2、十万の位が1、一万の位が4で、ほかの位が0の数

(52140000)

② 千万の位が2、百万の位が8、一万の位が3、百の位が1で、ほかの位が0の数

( )

③ 百万の位が1、一万の位が7、十の位が6で、ほかの位が0の数

( )

④ 千万を8こ、百万を4こ、十万を5こ、一万を2こあわせた数

( )

⑤ 千万を7こ、百万を9こ、一万を6こあわせた数

( )

⑥ 千万を6こ、十万を8こあわせた数

( )

⑦ 千万を5こ、十万を3こ、一万を4こあわせた数

( )

⑧ 千万を2こ、百万を5こ、一万を1こ、千を6こあわせた数

( )

⑨ 百万を7こ、一万を8こ、千を1こ、百を5こ、十を3こあわせた数

( )

❹ 次の□にあてはまる数をかきましょう。 12点(1つ4)

3080000は、一万を ① □ に集めた数です。

また、千を ② □ に集めた数でもあります。

さらに、百を ③ □ に集めた数でもあります。

👨 わかりにくいときには、位どりの表を使って考えてもいいよ。

名前

月　日　　時　分〜　時　分

点

❶ ⑦、⑦、⑦、⑦にあてはまる数をかきましょう。　　　　30点(1つ3)

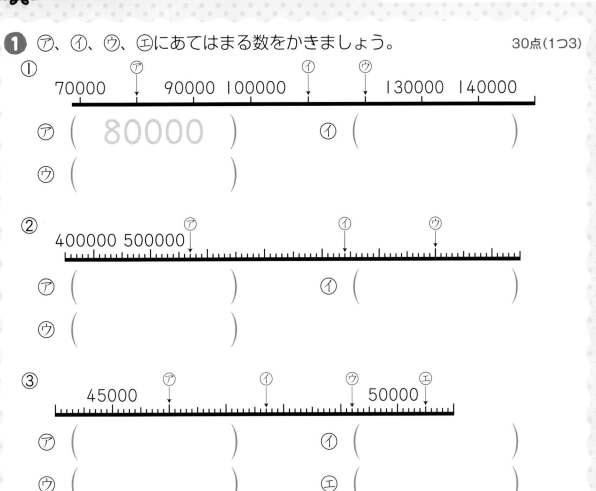

①

70000　　　　⑦　　90000 100000　　⑦　　⑦　　130000 140000

⑦ (80000)　　　　⑦ ( )

⑦ ( )

②

400000 500000 ⑦　　　　　　　⑦　　　　　⑦

⑦ ( )　　　　⑦ ( )

⑦ ( )

③

45000　　⑦　　　⑦　　　⑦　50000 ⑦

⑦ ( )　　　　⑦ ( )

⑦ ( )　　　　⑦ ( )

❷ 大きいほうの数をかきましょう。　　　　10点(1つ2)

① 80000　　　100000　　　(100000)

② 543000　　　539000　　　( )

③ 263000　　　264000　　　( )

④ 161000　　　89000　　　( )

⑤ 760300　　　760090　　　( )

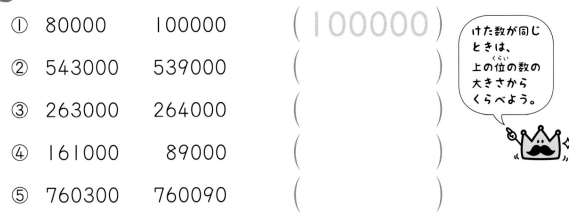

けた数が同じ
ときは、
上の位の数の
大きさから
くらべよう。

9

❸ 次の数を大きいほうからじゅんにかきましょう。　　　　　　　6点(1つ3)

① 367425　　　　　376425　　　　　374625

　　　　　　　　　（　　　　　　　　　　　　　　　　　　　　）

② 101000　　　　　110100　　　　　101010

　　　　　　　　　（　　　　　　　　　　　　　　　　　　　　）

❹ □にあてはまる不等号（＞、＜）をかきましょう。　　　54点(1つ3)

① 6000 **>** 4000

② 9000 ☐ 10000

> 6は4より大きいことを
> 　　6＞4
> 9は10より小さいことを
> 　　9＜10
> と表すんだよ。
> ＞、＜を不等号というよ。

③ 50000 ☐ 40000

④ 36000 ☐ 37000

⑤ 84300 ☐ 84200　　　⑥ 480000 ☐ 490000

⑦ 657000 ☐ 658000　　　⑧ 1240000 ☐ 1250000

⑨ 2816000 ☐ 2817000　　⑩ 3670000 ☐ 387000

⑪ 7820015 ☐ 7802015　　⑫ 945900 ☐ 946000

⑬ 909090 ☐ 990090　　　⑭ 418500 ☐ 418490

⑮ 490800 ☐ 491000　　　⑯ 540000 ☐ 539000

⑰ 200008 ☐ 20010　　　⑱ 99994 ☐ 99989

①は、いちばん小さい1目もりがいくつ分を表すかを考えるといいよ。

月　日　　時　分〜　時　分

名前

点

① 次の□にあてはまる数をかきましょう。　12点(1つ3)

① どんな数でも 10 倍すると、位が1つ

上がり、右はしに0を | １ | こつけた数

になります。

万	千	百	十	一		
			3	5		10倍
		3	5	0	10倍	100倍
	3	5	0	0	10倍	1000倍
3	5	0	0	0	10倍	

② どんな数でも 100 倍すると、位が2つ

上がり、右はしに0を [　　] こつけた数になります。

③ どんな数でも 1000 倍すると、位が [　　] つ上がり、右はしに

0を [　　] こつけた数になります。

② 次の□にあてはまる数をかきましょう。　24点(1つ3)

① 10 の 10 倍は、| 100 | です。

② 100 の 10 倍は、[　　] です。

③ 1000 の 10 倍は、[　　] です。

④ 10 倍の 10 倍は、[　　] 倍です。

⑤ 24 の 10 倍は、[　　] です。

⑥ 36 の 100 倍は、[　　] です。

何倍するかで、つける0の数がかわるよ。

⑦ 200 の 100 倍は、[　　] です。

⑧ 48 の 1000 倍は、[　　] です。

❸ 次の数を 10 倍、100 倍、1000 倍した数をかきましょう。　45点(1つ3)

① 62

10 倍(620)　100 倍(　　　　　)　1000 倍(　　　　　)

② 40

10 倍(　　　　　)　100 倍(　　　　　)　1000 倍(　　　　　)

③ 700

10 倍(　　　　　)　100 倍(　　　　　)　1000 倍(　　　　　)

④ 295

10 倍(　　　　　)　100 倍(　　　　　)　1000 倍(　　　　　)

⑤ 910

10 倍(　　　　　)　100 倍(　　　　　)　1000 倍(　　　　　)

❹ 次の□にあてはまる数をかきましょう。　3点(1つ1)

① 一の位が 0 の数を 10 でわると、位が [　　　] つ

下がり、一の位の 0 をとった数になります。

百	十	一
3	5	0
	3	5

10 でわる

② 280 を 10 でわった数は [28] です。

③ 2800 を 10 でわった数は [　　　] です。

❺ 次の数を 10 でわった数をかきましょう。　16点(1つ2)

① 60　　② 90　　③ 700　　④ 810

(　　　)　(　　　)　(　　　)　(　　　)

⑤ 3000　　⑥ 4700　　⑦ 5900　　⑧ 10700

(　　　)　(　　　)　(　　　)　(　　　)

どんな数でも、10 倍すると右はしに 0 を 1 こつけ、10 でわると右はしの 0 を 1 ことることをおぼえておこう。

7 小数のいみ

月	日	時 分～ 時 分
名前		
		点

❶ 次のかさを小数で表しましょう。　　　44点(1つ4)

小数		
0	.	1
一の位	小数点	小数第一位

①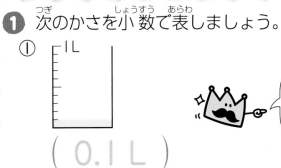

(0.1L)

②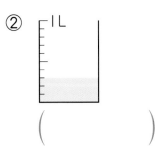

(　　　　)

③

(　　　　)

④

(　　　　)

⑤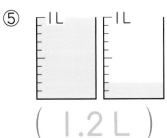

(1.2L)

⑥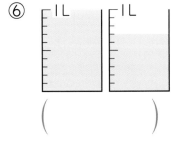

(　　　　)

⑦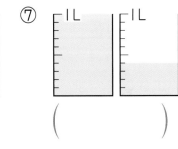

(　　　　)

⑧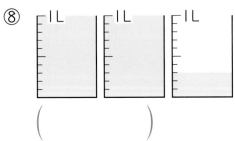

(　　　　)

⑨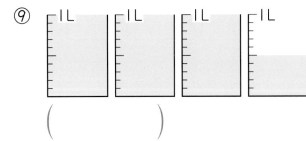

(　　　　)

⑩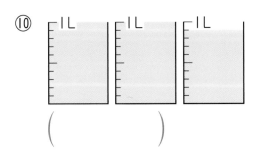

(　　　　)

⑪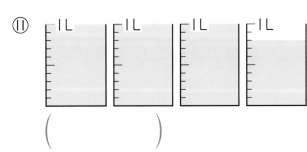

(　　　　)

13

40点(1つ4)

① 0.2 L

② 0.7 L

③ 0.9 L

④ 1.4 L

⑤ 1.8 L

⑥ 1.5 L

⑦ 2.3 L

⑧ 3.1 L

⑨ 2.6 L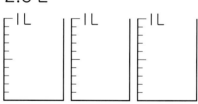

⑩ 3.7 L

③ 次の数について答えましょう。

16点(1つ8)

1.2　　3　　0　　0.1　　3.5　　10　　0.8

① 小数をすべてかきましょう。

(　　　　　　　　　　　　　　　)

② 整数をすべてかきましょう。
→0、1、2、…のような数

(　　　　　　　　　　　　　　　)

小数は、くつのサイズや体重など、いろいろなところで使われているよ。
身のまわりの小数をさがしてみて、小数になれておこう。

14

❶ 左はしから↓までの長さを小数で表しましょう。　　24点（1つ4）

①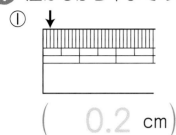

（ 0.2 cm）

②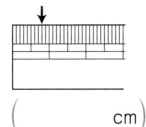

（　　　cm）

 1cmを10等分した1こ分（1mm）の長さが0.1cmだね。

③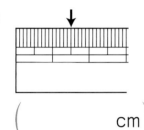

（　　　cm）

④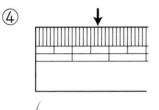

（　　　cm）

⑤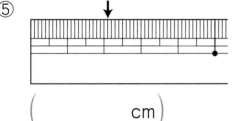

（　　　cm）

⑥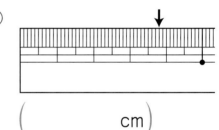

（　　　cm）

❷ 次のテープの長さは、何cmでしょう。　　10点（1つ5）

①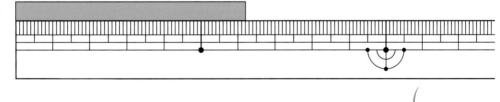

（　　　）

②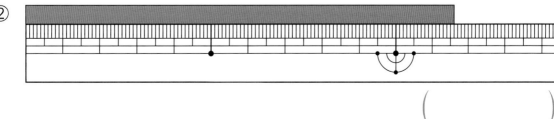

（　　　）

❸ 次の長さだけ、左はしからテープに色をぬりましょう。　　　　10点(1つ5)

① 8.5 cm

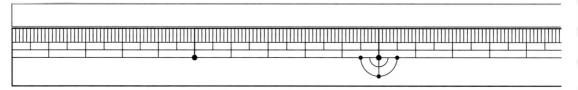

② 14.5 cm

❹ 次の長さ、かさを小数で表しましょう。　　　　32点(1つ4)

① 6 mm = $\boxed{0.6}$ cm　　　　② 5 cm 4 mm = $\boxed{}$ cm

③ 90 cm = $\boxed{}$ m　　　　④ 1 m 70 cm = $\boxed{}$ m

⑤ 200 mL = $\boxed{}$ L　　　　⑥ 1 L 5 dL = $\boxed{}$ L

⑦ 13 dL = $\boxed{}$ L　　　　⑧ 1500 mL = $\boxed{}$ L

❺ 次の長さ、かさを小数を使わないで表しましょう。　　　　24点(1つ4)

① 0.7 cm = $\boxed{}$ mm　　　　② 6.8 cm = $\boxed{6}$ cm $\boxed{8}$ mm

③ 5.1 m = $\boxed{}$ m $\boxed{}$ cm　　　　④ 1.7 L = $\boxed{}$ L $\boxed{}$ dL

⑤ 0.9 L = $\boxed{}$ dL　　　　⑥ 2.5 L = $\boxed{}$ mL

16

小数を使うと、0.1 m というのは 10 cm のこと、0.1 L というのは 100 mL のこととわかるね。たんいがなおせるようにしておこう。

9 小数の大きさ

❶ 下の図を見て、□にあてはまる数をかきましょう。　　　12点(1つ4)

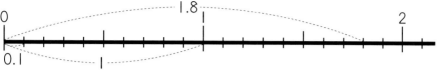

① 1.8 は、1 を 1 ことと 0.1 を $\boxed{8}$ こあわせた数です。

② 1 は、0.1 を $\boxed{10}$ に集めた数です。

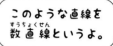

このような直線を
数直線というよ。

③ 1.8 は、0.1 を $\boxed{}$ に集めた数です。

❷ 次の□にあてはまる数をかきましょう。　　　24点(1つ3)

① 1.2 は、1 と 0.1 を $\boxed{2}$ こあわせた数です。

② 1.2 は、0.1 を $\boxed{}$ に集めた数です。

③ 2.6 は、2 と 0.1 を $\boxed{}$ こあわせた数です。

④ 2.6 は、0.1 を $\boxed{}$ に集めた数です。

⑤ 3.5 は、3 と 0.1 を $\boxed{}$ こあわせた数です。

⑥ 3.5 は、0.1 を $\boxed{}$ に集めた数です。

⑦ 4.3 は、4 と 0.1 を $\boxed{}$ こあわせた数です。

⑧ 4.3 は、0.1 を $\boxed{}$ に集めた数です。

❸ 次の□にあてはまる数をかきましょう。　　　　　16点(1つ4)

①　0.1 を 9 こ集_{あつ}めた数は、[0.9] です。

②　0.1 を 28 こ集めた数は、[　　　] です。

③　0.1 を 145 こ集めた数は、[　　　] です。

④　0.1 を 103 こ集めた数は、[　　　] です。

❹ 下の数直線の、↓の目もりにあてはまる小数をかきましょう。　48点(1つ4)

①
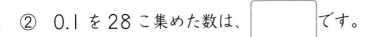
ア(0.2)　　イ(1.5)

②
ア(　　　)　　イ(　　　)　　ウ(　　　)

③
ア(　　　)　　イ(　　　)　　ウ(　　　)

④
ア(　　　)　　イ(　　　)　　ウ(　　　)　　エ(　　　)

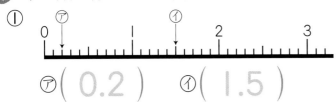

1 は 0.1 を 10 こ集めた数だね。このことをもとにして、答えを考えるといいよ。

10 小数の大きさくらべ

1 数直線を使って、次の問題に答えましょう。　　　30点(1つ3)

① 次の 5つの数を下の数直線に表しましょう。

3.1　　　1.4　　　0.8　　　4.1　　　2.9

② 上の数直線を使って、大きいほうの数を答えましょう。

㋐ 0.8、1.4 （ 1.4 ）　　　㋑ 1.4、4.1 （　　）

㋒ 2.9、3.1 （　　）

㋓ 3.1、4.1 （　　）

㋔ 1.4、2.9 （　　）

数直線では、
右にいくほど
数が大きく
なるよ。

2 下の数直線を見て、大きいほうの数を答えましょう。　　　30点(1つ3)

① 0.7、0.3 （ 0.7 ）　　　② 0.9、1.3 （　　）

③ 1.8、2.1 （　　）　　　④ 2.6、3.1 （　　）

⑤ 2.8、1.8 （　　）　　　⑥ 4.5、3.9 （　　）

⑦ 3.9、4.1 （　　）　　　⑧ 3.2、2.3 （　　）

⑨ 4.3、3.4 （　　）　　　⑩ 4.8、5.1 （　　）

❸ □にあてはまる不等号（＞、＜）をかきましょう。　　　24点(1つ2)

① 2.9 $<$ 3.1　　　② 3.5 □ 4

③ 4.4 □ 3.8　　　④ 5.1 □ 4.2

⑤ 7.9 □ 9.7　　　⑥ 4 □ 3.9

⑦ 5.8 □ 6　　　⑧ 10 □ 9.1

⑨ 8.1 □ 7.7　　　⑩ 8.9 □ 9

⑪ 7 □ 6.8　　　⑫ 5.7 □ 7.5

❹ 次の数を小さいじゅんに左からかきましょう。　　　16点(1つ4)

① 1　0.8　1.1

(0.8、1、1.1)

② 4.6　3.9　4.2　4

( )

③ 6.1　5.9　6.6　6.4

( )

④ 8.9　9.1　8.5　8.1

( )

数直線では、右にある数ほど大きくなるよ。わからないときは、数直線で
考えてみよう。

11 分数のいみ

① ▨や▢の部分の大きさを分数で表しましょう。　　39点(1つ3)

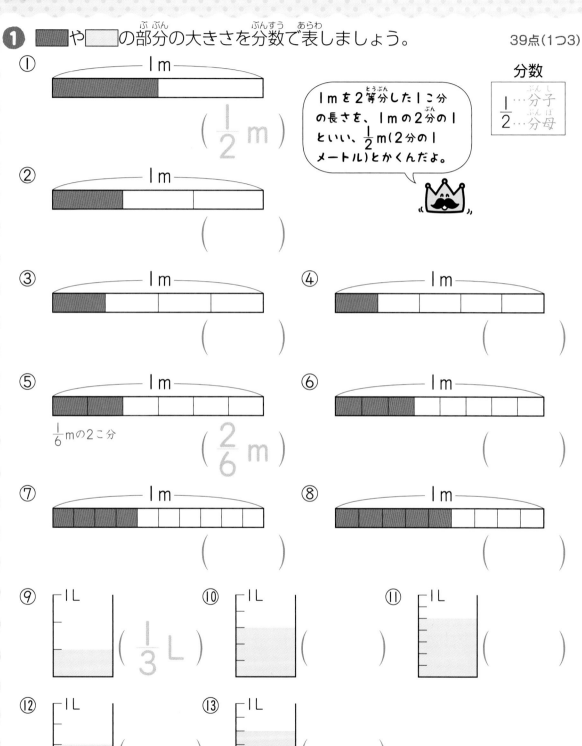

① 1m

$\left(\dfrac{1}{2} \text{m}\right)$

1mを2等分した1こ分の長さを、1mの2分の1といい、$\dfrac{1}{2}$m(2分の1メートル)とかくんだよ。

分数
$\dfrac{1}{2}$　…分子
　　…分母

② 1m

(　　　)

③ 1m

(　　　)

④ 1m

(　　　)

⑤ 1m

$\dfrac{1}{6}$mの2こ分

$\left(\dfrac{2}{6} \text{m}\right)$

⑥ 1m

(　　　)

⑦ 1m

(　　　)

⑧ 1m

(　　　)

⑨ 1L

$\left(\dfrac{1}{3} \text{L}\right)$

⑩ 1L

(　　　)

⑪ 1L

(　　　)

⑫ 1L

(　　　)

⑬ 1L

(　　　)

❷ 次の長さにあたるところに色をぬりましょう。　　　12点(1つ4)

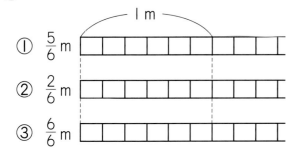

① $\frac{5}{6}$ m

② $\frac{2}{6}$ m

③ $\frac{6}{6}$ m

$\frac{6}{6}$ mは1mと同じだね。

❸ 分数でかきましょう。　　　33点(1つ3)

① $\frac{1}{3}$ m の2こ分 $\left(\frac{2}{3} \text{m}\right)$　　② $\frac{1}{4}$ m の3こ分 (　　　)

③ $\frac{1}{5}$ m の4こ分 (　　　)　　④ $\frac{1}{5}$ m の2こ分 (　　　)

⑤ $\frac{1}{3}$ m の3こ分 (　　　)　　⑥ $\frac{1}{4}$ m の5こ分 (　　　)

⑦ $\frac{1}{5}$ L の3こ分 (　　　)　　⑧ $\frac{1}{6}$ L の4こ分 (　　　)

⑨ $\frac{1}{6}$ L の6こ分 (　　　)　　⑩ $\frac{1}{7}$ L の6こ分 (　　　)

⑪ $\frac{1}{8}$ L の7こ分 (　　　)

❹ 次の長さを、分数を使ってかきましょう。　　　16点(1つ4)

① 1cm を5等分した1こ分の長さ　② 1km を3等分した1こ分の長さ

(　　　)　　　　　　(　　　)

③ 1m を7等分した4こ分の長さ　④ 1mm を9等分した6こ分の長さ

(　　　)　　　　　　(　　　)

小数は1を10等分した表し方だけど、分数は1を何等分してもいいんだよ。だから、分数は、ずいぶんべんりな表し方でもあるんだよ。

12 分数の大きさ

① 下の図は I を 4 等分(とうぶん)したものです。□にあてはまる数をかきましょう。

12点(1つ4)

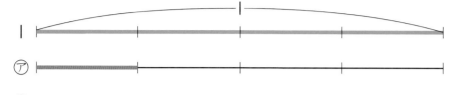

① ⑦は、I を 4 等分した I こ分で、$\dfrac{1}{4}$ です。

② ⑦は、I を 4 等分した 3 こ分で、□ です。

③ $\dfrac{3}{4}$ は、$\dfrac{1}{4}$ を ③ に集(あつ)めた数です。

② 下の図は I を 5 等分したものです。次(つぎ)の数をかきましょう。　16点(1つ4)

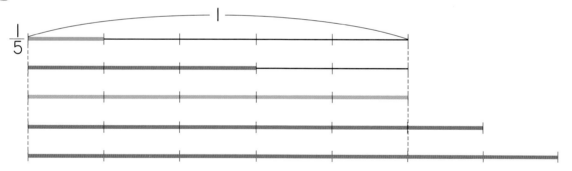

① $\dfrac{1}{5}$ を 3 こ集めた数 $\left(\ \dfrac{3}{5}\ \right)$　② $\dfrac{1}{5}$ を 5 こ集めた数 $(\quad)$

③ $\dfrac{1}{5}$ を 6 こ集めた数 $(\quad)$　④ $\dfrac{1}{5}$ を 7 こ集めた数 $(\quad)$

③ 次の数をかきましょう。　16点(1つ4)

① $\dfrac{1}{8}$ を 4 こ集めた数 $(\quad)$　② $\dfrac{1}{7}$ を 5 こ集めた数 $(\quad)$

③ $\dfrac{1}{9}$ を 9 こ集めた数 $(\quad)$　④ $\dfrac{1}{6}$ を 10 こ集めた数 $(\quad)$

4 下の図を見て、□にあてはまる数をかきましょう。 　　　16点(1つ4)

$\frac{1}{6}$

$\frac{6}{6}$

$\frac{6}{6}$

① $\frac{4}{6}$ は $\frac{1}{6}$ を [4] こ集めた数です。

② $\frac{7}{6}$ は $\frac{1}{6}$ を [　] こ集めた数です。

分子の数に注目するよ。

③ $\frac{6}{6}$ は、[　] と同じ大きさです。

④ １は、[　] が6こ集まった数です。

5 次の数は、$\frac{1}{7}$ を何こ集めた数でしょう。 　　　20点(1つ4)

① $\frac{2}{7}$ 　　(2こ)　　② $\frac{3}{7}$ 　　(　　)

③ $\frac{5}{7}$ 　　(　　)　　④ $\frac{8}{7}$ 　　(　　)

⑤ １ 　　(　　)

6 次の数をかきましょう。 　　　20点(1つ5)

① $\frac{2}{3}$ は $\frac{1}{3}$ を [　] こ集めた数です。

② $\frac{4}{5}$ は $\frac{1}{5}$ を [　] こ集めた数です。

③ $\frac{7}{4}$ は $\frac{1}{4}$ を [　] こ集めた数です。

④ １は $\frac{1}{10}$ を [　] こ集めた数です。

１を何等分したかによって分母がきまるよ。１を□等分したら、分母はかならず□になるね。

24

13 分数の大きさくらべ

❶ 次の分数を数直線の上に表しましょう。　　　　　　　　12点(1つ3)

$$\frac{1}{5}、\frac{3}{5}、\frac{5}{5}、\frac{7}{5}$$

❷ 下の数直線について、答えましょう。　　　　　　　　22点(1つ2)

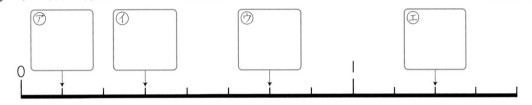

① 上の数直線で、㋐、㋑、㋒、㋓にあたる分数をかきましょう。

② $\frac{3}{8}$ は、$\frac{1}{8}$ を何こ集めた数でしょう。　　　　　　（　　　　　）

③ $\frac{6}{8}$ は、$\frac{1}{8}$ を何こ集めた数でしょう。　　　　　　（　　　　　）

④ $\frac{3}{8}$ と $\frac{6}{8}$ では、どちらが大きいでしょう。　　　（　　　　　）

⑤ $\frac{1}{8}$ を何こ集めると1になるでしょう。　　　　　（　　　　　）

⑥ $\frac{10}{8}$ は、$\frac{1}{8}$ を何こ集めた数でしょう。　　　　　（　　　　　）

⑦ 1と $\frac{10}{8}$ では、どちらが大きいでしょう。　　　　（　　　　　）

⑧ $\frac{6}{8}$ と1では、どちらが大きいでしょう。　　　　　（　　　　　）

❸ 大きいほうの数をかきましょう。　　　　　　　　　　36点(1つ3)

① $\dfrac{4}{7}$、$\dfrac{3}{7}$　　　　② $\dfrac{6}{8}$、$\dfrac{7}{8}$　　　　③ $\dfrac{3}{9}$、$\dfrac{4}{9}$

　　（　$\dfrac{4}{7}$　）　　　　（　　　　　）　　　　（　　　　　）

④ $\dfrac{8}{6}$、$\dfrac{5}{6}$　　　　⑤ $\dfrac{3}{4}$、$\dfrac{5}{4}$　　　　⑥ $\dfrac{6}{5}$、$\dfrac{4}{5}$

　　（　　　　　）　　　　（　　　　　）　　　　（　　　　　）

⑦ 1、$\dfrac{3}{4}$　　　　⑧ $\dfrac{9}{8}$、1　　　　⑨ $\dfrac{4}{5}$、1

　　（　　　　　）　　　　（　　　　　）　　　　（　　　　　）

⑩ $\dfrac{11}{9}$、1　　　　⑪ $\dfrac{5}{6}$、1　　　　⑫ 1、$\dfrac{12}{10}$

　　（　　　　　）　　　　（　　　　　）　　　　（　　　　　）

❹ □にあてはまる等号(＝)、不等号(＞、＜)をかきましょう。　　30点(1つ3)

① $\dfrac{4}{9}$ ［ ＜ ］ $\dfrac{5}{9}$　　　　② $\dfrac{6}{9}$ ［　］ $\dfrac{9}{9}$

③ $\dfrac{7}{8}$ ［　］ $\dfrac{5}{8}$　　　　④ $\dfrac{10}{8}$ ［　］ $\dfrac{6}{8}$

⑤ $\dfrac{10}{10}$ ［　］ 1　　　　⑥ 1 ［　］ $\dfrac{12}{10}$

⑦ $\dfrac{6}{7}$ ［　］ $\dfrac{10}{7}$　　　　⑧ 1 ［　］ $\dfrac{6}{6}$

⑨ $\dfrac{8}{6}$ ［　］ $\dfrac{6}{6}$　　　　⑩ $\dfrac{9}{7}$ ［　］ 1

数直線を使って
くらべてみてもいいね。

👑 分母と分子が同じ数のときは、「1」と同じ大きさになるとか、1を何等分しても分数で表すことができるとか、分数はとってもべんりだね。

月　日　　時　分〜　時　分

名前

点

❶ 下の数直線を見て答えましょう。　　　　　　　　28点(1つ4)

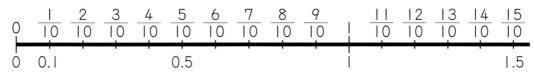

① $\dfrac{1}{10}$ は、1を何等分した1に分でしょう。　（10等分）

$0.1 = \dfrac{1}{10}$

② 0.1 は、1を何等分した1に分でしょう。　（　　　）

③ $\dfrac{1}{10}$ を小数で表しましょう。　　　　　　（ 0.1 ）

④ $\dfrac{4}{10}$ を小数で表しましょう。　　　　　　（　　　）

⑤ 0.3 を分数で表しましょう。　　　　　　（　　　）

⑥ 0.3 の $\dfrac{1}{10}$ の位の数字をかきましょう。　　　　（　　　）

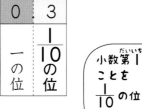

小数第1位のことを $\dfrac{1}{10}$ の位ともいうんだよ。

⑦ 1.2 の $\dfrac{1}{10}$ の位の数字をかきましょう。　　　　（　　　）

❷ 水 0.6L を、分数を使って、L のたんいで表します。□にあてはまる数をかきましょう。
12点(1つ3)

① 0.1L は、1L を ☐10 等分した1に分で、

分数で表すと ☐ L です。

② 0.6L は、0.1L の ☐ に分だから、分数で

表すと、☐ L です。

1L

❸ 分数で表しましょう。　　　　　　　　　　　　　　24点(1つ2)

① 0.2 L　　　　$\left(\dfrac{2}{10} \text{ L} \right)$　② 0.4 L　　　　（　　　　　）

③ 0.5 L　　　　（　　　　　）　④ 0.8 L　　　　（　　　　　）

⑤ 0.7 L　　　　（　　　　　）　⑥ 0.9 L　　　　（　　　　　）

⑦ 1.2 L　　　　（　　　　　）　⑧ 1.1 L　　　　（　　　　　）

⑨ 1.5 L　　　　（　　　　　）　⑩ 1.9 L　　　　（　　　　　）

⑪ 1.4 L　　　　（　　　　　）　⑫ 1.6 L　　　　（　　　　　）

❹ 小数で表しましょう。　　　　　　　　　　　　　　36点(1つ3)

① $\dfrac{3}{10}$ L　　　(0.3 L)　② $\dfrac{5}{10}$ L　　　（　　　　　）

③ $\dfrac{8}{10}$ L　　　（　　　　　）　④ $\dfrac{4}{10}$ L　　　（　　　　　）

⑤ $\dfrac{6}{10}$ L　　　（　　　　　）　⑥ $\dfrac{9}{10}$ L　　　（　　　　　）

⑦ $\dfrac{13}{10}$ L　　　（　　　　　）　⑧ $\dfrac{18}{10}$ L　　　（　　　　　）

⑨ $\dfrac{19}{10}$ L　　　（　　　　　）　⑩ $\dfrac{11}{10}$ L　　　（　　　　　）

⑪ $\dfrac{17}{10}$ L　　　（　　　　　）　⑫ $\dfrac{16}{10}$ L　　　（　　　　　）

1を10等分した1こ分の数は、小数で表すと0.1となり、分数で表すと $\dfrac{1}{10}$ となるね。このことから、0.1と $\dfrac{1}{10}$ は等しいことがわかるね。

15 まとめのテスト

1 38216075 について答えましょう。　　　　　　12点(1つ4)

① 千万の位の数字は何でしょう。　② 2は何の位の数字でしょう。

（　　　　　　　）　　　　　　　（　　　　　　　）

③ 8は、何が8つあることを表しているでしょう。（　　　　　　　）

2 □にあてはまる数をかきましょう。　　　　　　16点(1つ4)

① 千万を3こ、百万を1こ、十万を5こ、一万を4こあわせた数は、

[　　　　　　　]です。

② 一万を21こ集めた数は、[　　　　　　　]です。

③ 千を150こ集めた数は、[　　　　　　　]です。

④ 一万を340こと8600をあわせた数は、[　　　　　　　]です。

3 次の⑦、①、⑦の目もりが表す数をかきましょう。　　12点(1つ4)

⑦　　　　　　　　　　　　　　①　　　⑦
500000 | 600000 700000

⑦（　　　　　　　）①（　　　　　　　）⑦（　　　　　　　）

4 次の□にあてはまる数をかきましょう。　　　　　12点(1つ3)

① 4.6は、1を[　　　]ことと0.1を[　　　]こにあわせた数です。

② 1を20ことと0.1を5こあわせた数は[　　　]です。

③ 0.1を38こ集めた数は[　　　]です。

5 次の□にあてはまる数をかきましょう。　　　　　　12点(1つ3)

① 3m 40 cm = [　　　] m　　　② 4L 6dL = [　　　] L

③ 5.2 m = [　　　] cm　　　④ 3.8 L = [　　　] dL

6 次の□にあてはまる数をかきましょう。　　　　　　12点(1つ3)

① $\frac{3}{7}$ は、$\frac{1}{7}$ を [　　　] に集めた数です。

② $\frac{1}{6}$ を8こ集めた数は [　　　] です。

③ $\frac{1}{5}$ を [　　　] に集めると1になります。

④ 0.9 L を、分数を使って表すと [　　　] L です。

7 色をつけた部分の長さは何 m でしょう。　　　　　6点(1つ3)

① 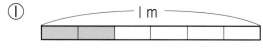 　　　　　　（　　　　　）

1 m

② 1 m 　　　　　　（　　　　　）

8 次の数のうち、大きいほうをかきましょう。　　　18点(1つ3)

① 0.9、1.3　　（　　　　）　　② 5.1、4.9　　（　　　　）

③ 1.2、0.8　　（　　　　）　　④ $\frac{4}{8}$、$\frac{3}{8}$　　（　　　　）

⑤ 1、$\frac{4}{5}$　　（　　　　）　　⑥ $\frac{5}{3}$、1　　（　　　　）

月　日　　時　分〜　時　分
名前

点

① 次の□にあてはまる数やことばをかきましょう。　　　25点(1つ5)

コンパスでかいたようなまるい形を、① 円　といいます。

右の図の⑦のように、円のまん中の点を円の

② _____、中心から円のまわりまでひいた直線①

を円の③ _____といいます。

円の中心を通って、まわりからまわりまでひいた直線⑦を円の
④ _____

といいます。⑦は①の⑤ ___倍です。

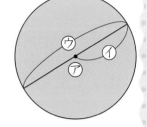

② コンパスを使って、次のような円をかきましょう。　　　10点(1つ5)
　① 半径2cmの円　　　　　　　② 直径5cmの円

・　　　　　　　　　　　　　　　　・

③ 家から公園に行きます。⑦と①の道はどちらが近いでしょう。コンパスで長さをうつしとって調べましょう。　　　5点

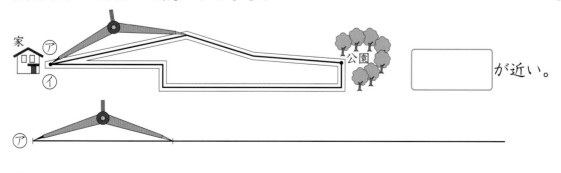

_____が近い。

4 ボールのように、どこから見ても円に見える形を球といいます。右の図は、球をま2つに切ったものです。この切り口の□にあてはまることばをかきましょう。　15点(1つ5)

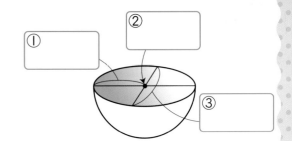

①
②
③

5 次の□にあてはまる数をかきましょう。　35点(1つ5)

① 半径4cmの円の直径は **8** cm です。

② 直径6cmの円の半径は □ cm です。

直径の長さは、半径の2倍になっているよ。

③ 半径5cmの円の直径は □ cm です。

④ 直径3cmの円の半径は □ cm □ mm です。

⑤ 直径が8cmの球の半径は **4** cm です。

⑥ 半径が8cmの球の直径は □ cm です。

⑦ 直径が14cmの球の半径は □ cm です。

6 右のようにして、球の直径をはかりました。　10点(1つ5)

① この球の直径は、どれだけでしょう。

(　　　)

② この球の半径は、どれだけでしょう。

(　　　)

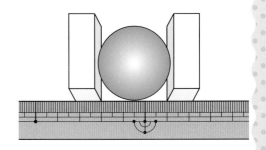

直径と半径のくべつをしっかりしておこう。半径は直径の半分だから、直径8cmの円をかくときは、コンパスのひらきは半径の4cmにするんだよ。

月	日	時	分～	時	分
名前					
					点

1 次の□にあてはまることばをかきましょう。　　16点(1つ8)

① 2つの辺の長さが等しい三角形を **二等辺三角形** といいます。

② 3つの辺の長さがみんな等しい三角形を **正三角形** といいます。

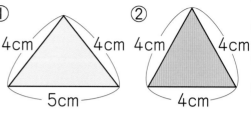

2 次の三角形が二等辺三角形か正三角形かを答えましょう。　　28点(1つ7)

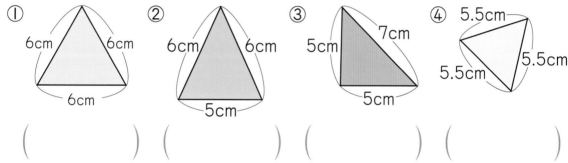

① (　　　　　) ② (　　　　　) ③ (　　　　　) ④ (　　　　　)

3 次の三角形のうち、二等辺三角形と正三角形はどれでしょう。あ～かの記号で答えましょう。　　16点(1つ8)

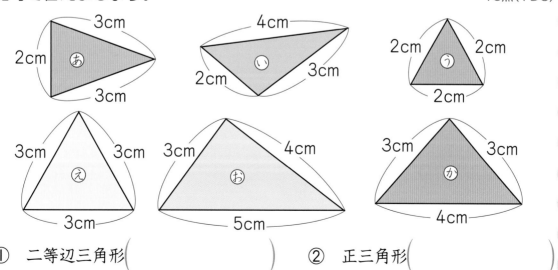

① 二等辺三角形(　　　　　　　　　)　　② 正三角形(　　　　　　　　　)

❹ コンパスを使って、下の図から二等辺三角形と正三角形を全部みつけて、あ～⌲の記号で答えましょう。

16点(1つ8)

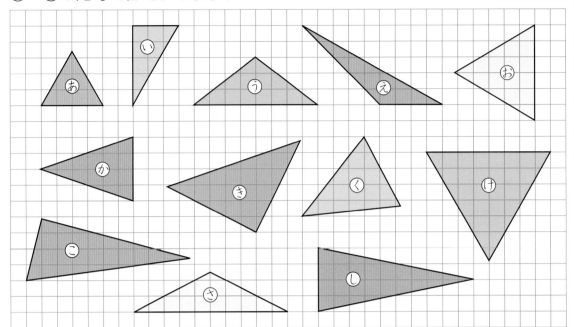

①　二等辺三角形　（　　　　　　　　　　　　　　）

②　正三角形　　　（　　　　　　　　　　　　　　）

辺の長さをていねいに調べよう。

❺ 下の図のように、長方形の紙を2つおりにして重ね、┈┈のところで切って開きます。できる三角形が二等辺三角形か正三角形かを答えましょう。

24点(1つ8)

①
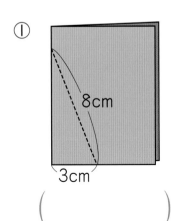
8cm
3cm

②
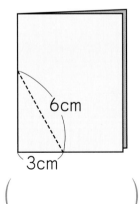
6cm
3cm

③
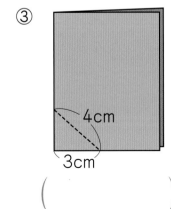
4cm
3cm

（　　　　　　　）　　（　　　　　　　）　　（　　　　　　　）

1つの角が直角になっている二等辺三角形を直角二等辺三角形というんだよ。三角じょうぎの1まいが、この直角二等辺三角形だよ。

二等辺三角形と 正三角形のかき方

月　日	時　分〜　時　分
名前	
	点

❶ じょうぎとコンパスを使って、次の三角形をかきましょう。　48点(1つ8)

① 辺の長さが3cm、2cm、2cm の二等辺三角形

② 辺の長さが3cm、4cm、4cm の二等辺三角形

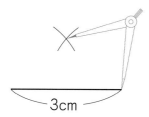

3cm

③ 辺の長さが4cm、3cm、3cm の二等辺三角形

④ 辺の長さが4cm、5cm、5cm の二等辺三角形

⑤ 辺の長さが4cm の正三角形

⑥ 辺の長さが6cm の正三角形

4cm

❷ じょうぎとコンパスを使って、次の三角形をかきましょう。　

①　辺の長さが５cm、６cm、６cm
の二等辺三角形

②　辺の長さが３cm の正三角形

③　辺の長さが４cm、６cm、４cm
の二等辺三角形

④　辺の長さが５cm の正三角形

❸ 点アを中心にして、半径４cm の円をかきました。　

①　ア、イ、ウがちょう点になるような三
角形をかきましょう。

②　三角形アイウはどんな三角形でしょう。

（　　　　　　　　　　　）

③　ア、エ、オがちょう点になるような三
角形をかきましょう。

④　三角形アエオはどんな三角形でしょう。

（　　　　　　　　　　　）

オ

4cm

ア．

エ

イ

6cm

ウ

身のまわりで、二等辺三角形や正三角形をさがしてみよう。いままで気が
つかなかったものを見つけると楽しくなるよ。

19 角とその大きさ

① 次の◯にあてはまることばをかきましょう。　　　10点(1つ5)

　１つのちょう点から出ている２つの

① **辺** がつくる形を**角**といいます。

　角の大きい小さいは、角をつくる２
つの辺の開きぐあいでくらべます。

　右の⑥の角は、◌の角より、② ＿＿＿＿。

ちょう点

三角じょうぎを使って
くらべてみよう。

② 大きいほうの角を答えましょう。　　　48点(1つ6)

①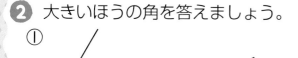

（　あ　）

②

（　　　）

③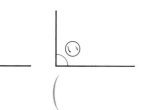

（　　　）

④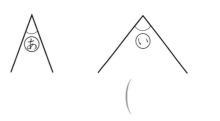

（　　　）

⑤

（　　　）

⑥

（　　　）

⑦

（　　　）

⑧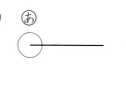

（　　　）

37

❸ 次の角を、大きいじゅんに記号で答えましょう。　　　24点(1つ6)

①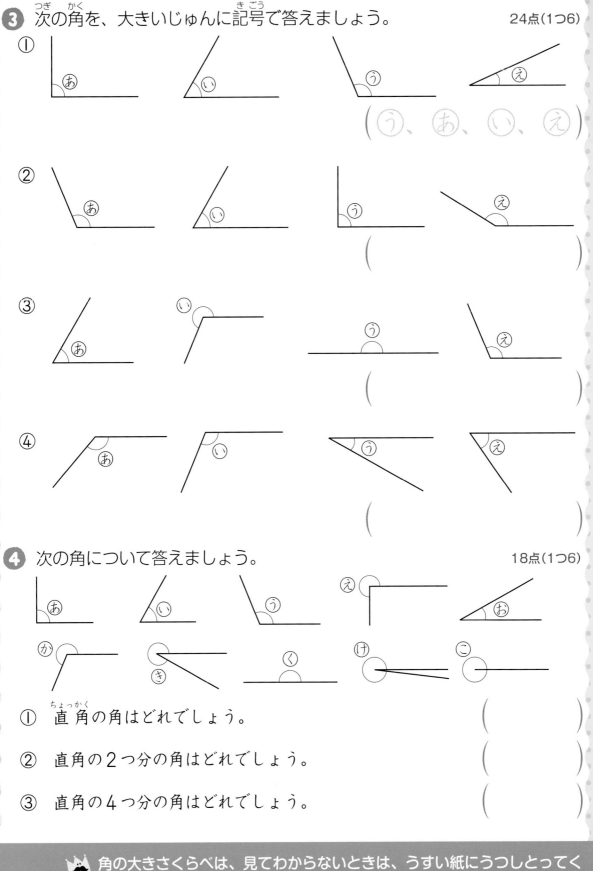

（う、あ、い、え）

② 　　　　　　　　　　　　　　　　　　　　　　　　　（　　　　　）

③ 　　　　　　　　　　　　　　　　　　　　　　　　　（　　　　　）

④ 　　　　　　　　　　　　　　　　　　　　　　　　　（　　　　　）

❹ 次の角について答えましょう。　　　18点(1つ6)

① 直角の角はどれでしょう。　　　　　　　　　　　（　　　　　）

② 直角の2つ分の角はどれでしょう。　　　　　　　（　　　　　）

③ 直角の4つ分の角はどれでしょう。　　　　　　　（　　　　　）

🧔 角の大きさくらべは、見てわからないときは、うすい紙にうつしとってくらべてみてもいいよ。

月　日　時　分〜　時　分

名前

点

1 次の□にあてはまる数やことばをかきましょう。　20点(1つ5)

① 二等辺三角形では、 2 つの

□ の大きさが等しくなっています。

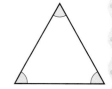

② 正三角形では、□つの□の

大きさがみんな等しくなっています。

2 右の(1)、(2)の三角形について答えましょう。　20点(1つ5)

① (1)、(2)の三角形が、二等辺三角形か正三角形かを答えましょう。

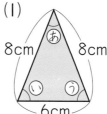
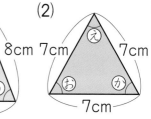

(1) (二等辺三角形)

(2) ( )

② (1)の三角形で、◎の角と大きさが等しい角はどの角でしょう。

( )

③ (2)の三角形で、②の角と大きさが等しい角はどの角でしょう。全部答えましょう。

( )

3 次の角と等しい大きさの角はどれでしょう。　18点(1つ6)

①
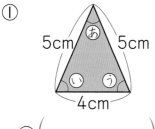

②
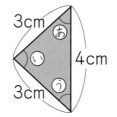

③
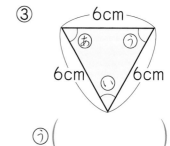

◎( )　　◎( )　　◎( )

4 2まいの三角じょうぎを見て答えましょう。

42点(1つ6)

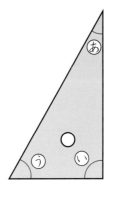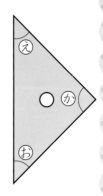

① ⓘの角と同じ大きさの角はどれでしょう。

（　　　）

② えの角と同じ大きさの角はどれでしょう。

（　　　）

③ あの角とⓤの角では、どちらが大きいでしょう。

（　　　）

④ ⓤの角とおの角では、どちらが大きいでしょう。

（　　　）

⑤ あの角とえの角では、どちらが大きいでしょう。

（　　　）

⑥ あ〜かの角のうち、角の大きさがもっとも小さい角はどれでしょう。

（　　　）

⑦ あ〜かの角のうち、角の大きさがもっとも大きい角はどれでしょう。2
つかきましょう。

（　　と　　）

 三角じょうぎの角の大きさの
ちがいを知っておこう。

二等辺三角形では、2つの角の大きさが等しい。正三角形では、3つの角
の大きさがみんな等しい。このことをしっかりおぼえておこう。

21 まとめのテスト

1 次の長さをもとめましょう。　　　　　　　　　　　20点(1つ10)

① 半径が6cmの円を使って、右のような形をかきました。
点アから点イまでの長さをもとめましょう。

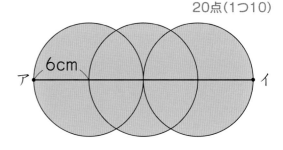

（　　　　　　　　）

② 右のように、箱にボールがきちんと入っています。
このボールの半径をもとめましょう。

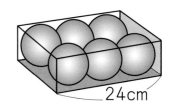

（　　　　　　　　）

2 じょうぎとコンパスを使って、次の三角形をかきましょう。　　10点(1つ5)

① 辺の長さが2cm、3cm、3cmの二等辺三角形　　② 辺の長さが3cmの正三角形

⌣2cm⌣　　　　　　　　　　　　⌣3cm⌣

3 あの角と同じ大きさの角はどれでしょう。　　　　　　　10点(1つ5)

①
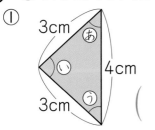
（　　　　　　　　）

②
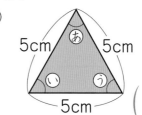
（　　　　　　　　）

4 次の角を大きいじゅんに答えましょう。　　　　　　10点(1つ5)

①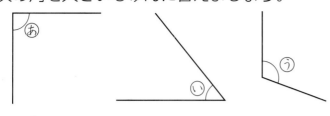

(　　→　　→　　)

②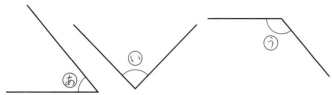

(　　→　　→　　)

5 次のような三角形は、何という三角形でしょう。　　10点(1つ5)

① どの辺の長さも3cmである三角形

(　　　　　　　　　)

② 辺の長さが3cm、2cm、3cmである三角形

(　　　　　　　　　)

6 右のように、正三角形をならべました。これについて答えましょう。　　40点(1つ10)

① 1辺が1cmの正三角形は何こありますか。
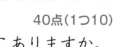
(　　　　　　)

② 1辺が2cmの正三角形は何こありますか。
(　　　　　　)

③ 1辺が3cmの正三角形は何こありますか。
(　　　　　　)

④ 正三角形は、全部で何こありますか。
(　　　　　　)

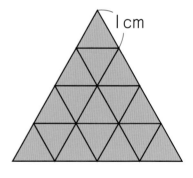

月　日　　時　分〜　時　分

名前

点

1 まきじゃくの↓の目もりをよみましょう。　　　30点(1つ3)

まきじゃく

①

⑦(3 cm)　　⑦(cm)

> 長いものをはかるときには、まきじゃくを使うとべんりだよ。

②
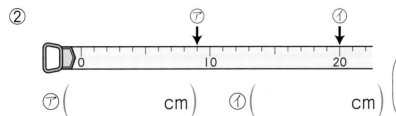

⑦(cm)　　⑦(cm)

> まきじゃくを使うときは、0の目もりのいちに注意しようね。

③
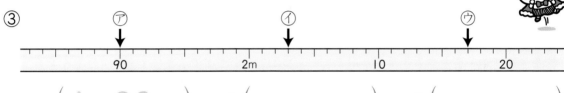

⑦(1m 90 cm)　　⑦(m cm)　　⑦(m cm)

④
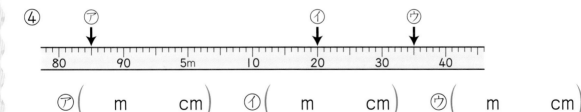

⑦(m cm)　　⑦(m cm)　　⑦(m cm)

2 次の◯にあてはまることばや数をかきましょう。　　　4点(1つ2)

① 道にそってはかった長さを 道のり といいます。

② 長い長さを表す長さのたんいに km があります。
　　↳キロメートルとよみます。

1 km = 1000 m です。

43

3 次の□にあてはまる数をかきましょう。　　　　　　　　48点(1つ3)

① 1km = |1000| m

> 1km = 1000 m
> だよ。

② 2000 m = |2| km

③ 1km 5m = □ m　　④ 1km 50m = □ m

⑤ 1km 150m = □ m　　⑥ 1km 500m = □ m

⑦ 2km 300m = □ m　　⑧ 2km 850m = □ m

⑨ 3km 150m = □ m　　⑩ 3km 600m = □ m

⑪ 1600m = □ km □ m　　⑫ 1020m = □ km □ m

⑬ 1450m = □ km □ m　　⑭ 2400m = □ km □ m

⑮ 2080m = □ km □ m　　⑯ 3000m = □ km

4 長いほうをかきましょう。　　　　　　　　6点(1つ3)

① 3km 50m、380m　　② 2900m、2km 90m

(　　　　　　)　　　　(　　　　　　)

5 次のものの長さをはかるには、ものさしとまきじゃくのどちらを使うとべんりでしょう。　　　　　　　　12点(1つ3)

① 公園の木のまわりの長さ　　② ノートの横の長さ

(　　　　　　)　　　　(　　　　　　)

③ えんぴつの長さ　　④ 教室のたての長さ

(　　　　　　)　　　　(　　　　　　)

キロというのは、1000倍という意味なんだよ。だから、1キロメートルというのは、1メートルの1000倍、つまり、1km＝1000mなんだよ。

月　　日　　時　分～　時　分

名前

点

❶ 次の計算をしましょう。　　　28点(1つ2)

① 200 m＋500 m ＝700 m　② 600 m＋300 m

③ 400 m＋270 m　④ 190 m＋700 m

⑤ 120 m＋340 m　⑥ 460 m＋230 m

⑦ 270 m＋160 m　⑧ 580 m＋290 m

⑨ 370 m＋230 m　⑩ 490 m＋310 m

⑪ 380 m＋540 m　⑫ 190 m＋750 m

⑬ 640 m＋290 m　⑭ 470 m＋480 m

❷ 次の計算をしましょう。　　　24点(1つ2)

① 500 m－300 m ＝200 m　② 900 m－400 m

③ 850 m－150 m　④ 540 m－230 m

⑤ 600 m－270 m　⑥ 800 m－520 m

⑦ 630 m－80 m　⑧ 840 m－90 m

⑨ 340 m－160 m　⑩ 720 m－270 m

⑪ 970 m－280 m　⑫ 820 m－680 m

❸ 次の計算をしましょう。　　　　　　　　　　　　48点(1つ3)

① 600 m＋700 m

$= 1300$ m

$= 1$ km 300 m ⟩ 1000 m＝1 km

1000 m をこえるときは、
〇km〇m と表そう。

② 700 m＋400 m

③ 500 m＋800 m

④ 400 m＋900 m

⑤ 800 m＋800 m

⑥ 420 m＋760 m

⑦ 510 m＋780 m

⑧ 130 m＋870 m

⑨ 640 m＋460 m

⑩ 1 km－300 m

$= 1000$ m $- 300$ m

$= 700$ m

1 km＝1000 m とたんいを
m にそろえて計算しよう。

⑪ 1 km－900 m

⑫ 1 km－400 m

⑬ 1 km－670 m

⑭ 1 km 300 m－600 m
　　　└→ 1300 m

⑮ 1 km 500 m－700 m

⑯ 1 km 200 m－900 m

長さの計算では、同じたんいどうし、m と m、km と km をたしたり、ひいた
りするんだよ。m どうしでひけないときは、km を m になおして計算しよう。

24 長い長さの計算 ②

❶ 次の計算をしましょう。

48点(1つ3)

① 1 km 200 m ＋ 2 km 300 m

= 3 km 500 m

② 1 km 600 m ＋ 1 km 200 m

③ 1 km 200 m ＋ 1 km 450 m

④ 1 km 500 m ＋ 1 km 350 m

⑤ 1 km 300 m ＋ 400 m

⑥ 700 m ＋ 1 km 100 m

⑦ 1 km 900 m ＋ 2 km

⑧ 2 km 400 m － 1 km 200 m

= 1 km 200 m

⑨ 2 km 800 m － 1 km 500 m

⑩ 2 km 500 m － 1 km 300 m

⑪ 1 km 600 m － 300 m

⑫ 2 km 800 m － 800 m

⑬ 2 km 700 m － 500 m

⑭ 3 km 700 m － 2 km 100 m

⑮ 2 km 600 m － 2 km

⑯ 3 km 900 m － 2 km

❷ 次の計算をしましょう。　　　　　　　　　　　　52点(1つ4)

① 1 km 800 m＋1 km 500 m

= 2 km 1300 m　　　） 同じたんいどうしを計算する。

= 3 km 300 m　　　） 1300 m＝1 km 300 m

② 1 km 600 m＋1 km 700 m

③ 1 km 700 m＋1 km 900 m　　④ 2 km 500 m＋1 km 600 m

⑤ 2 km 700 m＋1 km 800 m　　⑥ 2 km 400 m＋1 km 600 m

⑦ 3 km 100 m－1 km 200 m

= 3100 m－1200 m　　） m のたんいがひけないから、たんいを m にそろえる。

= 1900 m

= 1 km 900 m　　） 1000 m をこえるから、○km○m にして答える。

⑧ 3 km 500 m－1 km 700 m　　⑨ 2 km 600 m－1 km 800 m

⑩ 2 km－1 km 500 m　　⑪ 3 km－1 km 300 m

⑫ 4 km 200 m－2 km 400 m　　⑬ 4 km 100 m－2 km 900 m

48

長さの計算で、答えが「1 km 1200 m」となったら、「2 km 200 m」になおすのをわすれないようにしよう。「1 km 1200 m」ではまちがいだよ。

月　日　　時　分〜　時　分

名前

点

1 重さははかりではかります。次のはかりの目もりをよみましょう。

40点(1つ4)

①

重さのたんいには
g(グラム)、kg(キログラム)
があるよ。
1円玉1この重さが、
ちょうど1gだよ。

$1kg = 1000g$

1目もりが何g
になっているかを
考えよう。

(100 g)

②

(200 g)

③

(　　　　)

④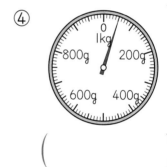

(　　　　)

⑤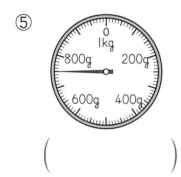

(　　　　)

⑥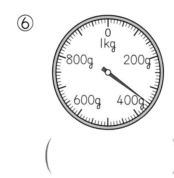

(　　　　)

⑦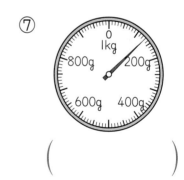

(　　　　)

⑧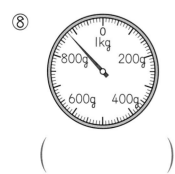

(　　　　)

⑨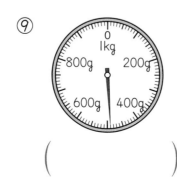

(　　　　)

⑩

(　　　　)

2 次の□にあてはまる数をかきましょう。　48点（1つ3）

① 2kg = $\boxed{2000}$ g ② 1kg 100g = □ g

③ 1kg 40g = □ g ④ 2kg 500g = □ g

⑤ 2kg 10g = □ g ⑥ 3kg = □ g

⑦ 3kg 200g = □ g ⑧ 4kg 300g = □ g

⑨ 2000g = □ kg ⑩ 1400g = □ kg □ g

⑪ 1080g = □ kg □ g ⑫ 2500g = □ kg □ g

⑬ 3800g = □ kg □ g ⑭ 3020g = □ kg □ g

⑮ 1t = □ kg

大きい重さを表すときには、
t（トン）というたんい
を使うよ。
1t = 1000kg
だよ。

⑯ 2000kg = □ t

3 重いほうを答えましょう。　12点（1つ3）

① 2800g、3kg ② 1300g、1kg 200g

（　　　　　） （　　　　　）

③ 2kg 50g、520g ④ 5kg、4900g

（　　　　　） （　　　　　）

1kg = 1000g　このかん係は、重さの計算をするときにもひつように
なるので、しっかりおぼえておこう。

50

26 いろいろなはかり ①

1 次のはかりの目もりをよみましょう。　　　　48点(1つ6)

①

(350 g)

②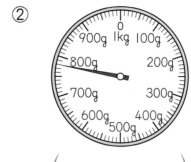

何kgまで
はかれるかを
たしかめよう。

( )

③

( )

④

( )

⑤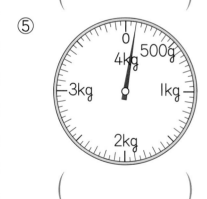

( )

⑥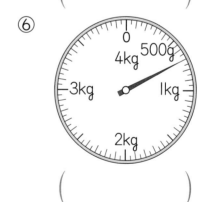

( )

⑦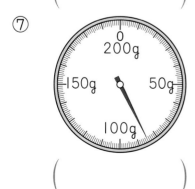

( )

⑧

( )

51

2 次のはかりの目もりをよみましょう。　24点(1つ6)

①

（　　　　　　）

②

（　　　　　　）

③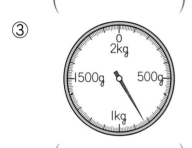

（　　　　　　）

④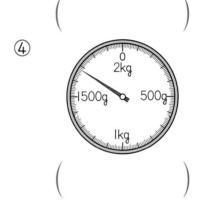

（　　　　　　）

3 次のはかりの目もりをよみましょう。　28点(1つ7)

①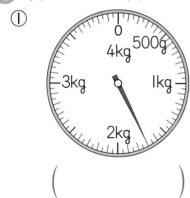

（　　　　　　）

②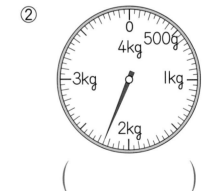

（　　　　　　）

③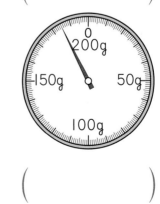

（　　　　　　）

④

（　　　　　　）

👨 目もりをよむときは、大きな目もりからじゅんに考え、1目もりが何g
になっているか調べよう。

27 いろいろなはかり ②

月 日	時 分～ 時 分
名前	
	点

1 次の目もりをよみましょう。　　　　　　40点(1つ8)

① 　　②

はりがさしている目もりの大きさに注意しよう。

(245 g)　　　　(　　　　)

③ 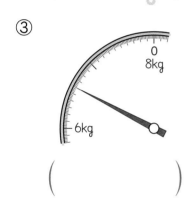　　④ 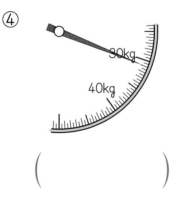　　⑤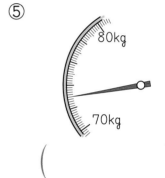

(　　　　)　　(　　　　)　　(　　　　)

2 次の目もりをよみましょう。　　　　　　12点(1つ4)

① 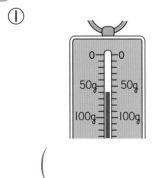　　② 　　③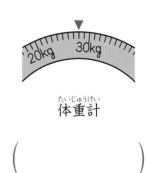
体重計

(　　　　)　　(　　　　)　　(　　　　)

はかりのしゅるいごとに、1目もりの重さをたしかめよう。

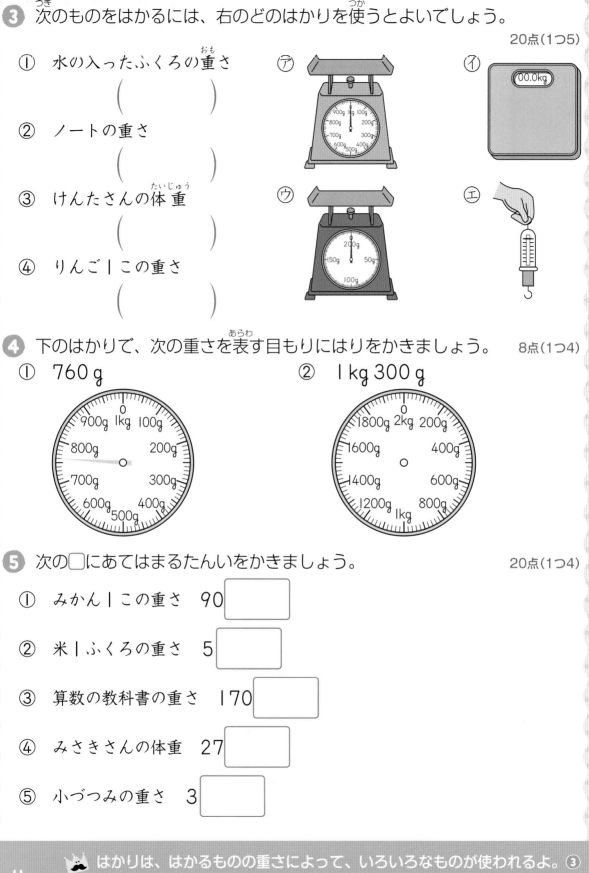

③ 次のものをはかるには、右のどのはかりを使うとよいでしょう。

20点(1つ5)

① 水の入ったふくろの重さ

（　　　　）

② ノートの重さ

（　　　　）

③ けんたさんの体重

（　　　　）

④ りんご1この重さ

（　　　　）

④ 下のはかりで、次の重さを表す目もりにはりをかきましょう。　8点(1つ4)

① 760g

② 1kg 300g

⑤ 次の□にあてはまるたんいをかきましょう。

20点(1つ4)

① みかん1この重さ　90□

② 米1ふくろの重さ　5□

③ 算数の教科書の重さ　170□

④ みさきさんの体重　27□

⑤ 小づつみの重さ　3□

はかりは、はかるものの重さによって、いろいろなものが使われるよ。③
は、はかるものの形やだいたいの重さを考えて、はかりをえらぼう。

28 重さの計算

❶ 次の計算をしましょう。　　　　　　　　　　　16点(1つ2)

① 200 g＋700 g ＝900 g　② 300 g＋500 g

③ 150 g＋620 g　　　　　④ 390 g＋470 g

⑤ 700 g－300 g ＝400 g　⑥ 380 g－120 g

⑦ 670 g－270 g　　　　　⑧ 450 g－90 g

❷ 次の計算をしましょう。　　　　　　　　　　　30点(1つ3)

① 500 g＋700 g

＝1200 g

＝1 kg 200 g ⟩ 1000 g＝1 kg

1000 g をこえるときは、〇kg〇g と表そう。

② 900 g＋400 g　　　　③ 800 g＋700 g

④ 640 g＋380 g　　　　⑤ 270 g＋730 g

⑥ 1 kg－200 g

＝1000 g－200 g

＝800 g

そのままではひけないから、1 kg＝1000 g とたんいをそろえて計算しよう。

⑦ 1 kg－600 g　　　　⑧ 1 kg－400 g

⑨ 1 kg 500 g－800 g
　　　↳1500 g

⑩ 1 kg 300 g－700 g

③ 次の計算をしましょう。 36点(1つ3)

同じたんいどうしを計算しよう。

① 1 kg 600 g + 2 kg 200 g

＝ 3 kg 800 g

② 1 kg 300 g + 1 kg 400 g

③ 1 kg 200 g + 1 kg 650 g

④ 1 kg 400 g + 500 g

⑤ 800 g + 1 kg 100 g

⑥ 1 kg 700 g + 2 kg

⑦ 2 kg 500 g − 1 kg 100 g

＝ 1 kg 400 g

⑧ 3 kg 900 g − 1 kg 700 g

⑨ 1 kg 900 g − 400 g

⑩ 2 kg 300 g − 300 g

⑪ 3 kg 600 g − 2 kg 500 g

⑫ 2 kg 700 g − 2 kg

④ 次の計算をしましょう。 18点(1つ3)

① 1 kg 900 g + 1 kg 200 g

＝ 2 kg 1100 g

＝ 3 kg 100 g

同じたんいどうしを計算する。

1100 g = 1 kg 100 g

② 1 kg 500 g + 1 kg 800 g

③ 1 kg 700 g + 1 kg 900 g

④ 3 kg 200 g − 1 kg 400 g

＝ 3200 g − 1400 g

＝ 1800 g

＝ 1 kg 800 g

g のたんいどうしがひけないから、たんいを g にそろえる。

1000 g をこえるから、○ kg ○ g にして答える。

⑤ 2 kg 700 g − 1 kg 900 g

⑥ 2 kg − 1 kg 300 g

重さの計算では、g は g どうし、kg は kg どうしで計算するんだよ。答えが
1000 g をこえたときは、1000 g を 1 kg になおして答えるようにしよう。

29 たんいのかん係

❶ 次のりょうを表すのに使うたんいをかきましょう。　　　10点(1つ2)

① 人の体重

(kg)

② バケツに入る水のかさ

( )

③ マンションの高さ

( )

④ はさみの重さ

( )

⑤ マラソンコースの道のり

( )

❷ 今までに学習したたんいについて、□にあてはまるたんいをかきましょう。
　　　6点(1つ2)

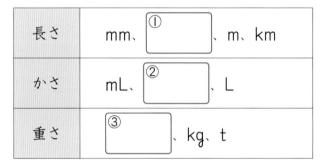

長さ	mm、① 　　　、m、km
かさ	mL、② 　　　、L
重さ	③ 　　　、kg、t

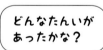
どんなたんいが
あったかな？

❸ 次の□にあてはまる数をかきましょう。　　　16点(1つ4)

① 1km = [　　　] m

② 1000mm = [　　　] m

③ 1L = [　　　] mL

④ 1kg = [　　　] g

k(キロ)は1000倍を
表すよ。
1kgは1000gだね。

4 次のりょうを（　）の中のたんいで表しましょう。　　56点(1つ4)

① 2km（m）

（　　　　　）

② 5m（cm）

（　　　　　）

③ 10cm（mm）

（　　　　　）

④ 12m（mm）

（　　　　　）

⑤ 3L（dL）

（　　　　　）

⑥ 4L（mL）

（　　　　　）

⑦ 12dL（mL）

（　　　　　）

⑧ 10L（mL）

（　　　　　）

⑨ 2kg（g）

（　　　　　）

⑩ 15kg（g）

（　　　　　）

⑪ 3000cm（m）

（　　　　　）

⑫ 5000mm（m）

（　　　　　）

⑬ 40000mL（L）

（　　　　　）

⑭ 72000g（kg）

（　　　　　）

5 次の問いに答えましょう。　　12点(1つ4)

① 1こ200gのボール4こが、1kgの箱に入っています。全体の重さは何gでしょう。

（　　　　　）

② コップに6dLの水が入っています。バケツに2Lの水が入っています。コップの水をバケツに入れると、水は何dLになるでしょう。

（　　　　　）

③ 2mの赤いひもと、30cmの青いひもがあります。赤いひもは、青いひもより何cm長いでしょう。

（　　　　　）

👨 それぞれのたんいのかん係をおぼえておこう。k（キロ）は1000倍であることを知っているとおぼえやすいよ。

月　日　　時　分〜　時　分

名前

点

① 時計について、次の□にあてはまる数をかきましょう。　　15点(1つ5)

① 長いはりが1目もりうごく時間が | 1 | 分です。

② 長いはりがひとまわりする時間が | | 時間です。

③ 1時間は | | 分です。

② 次の左の時こくから右の時こくまでの時間をもとめましょう。

20点(1つ5)

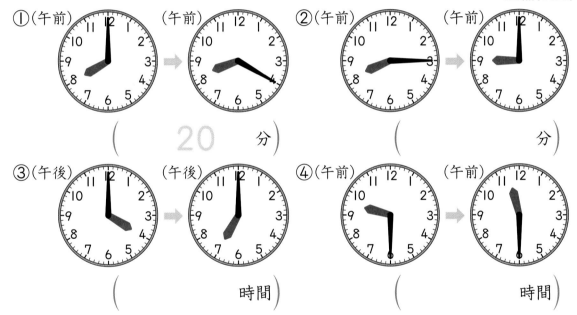

①（午前）→（午前）　　　(20 分)

②（午前）→（午前）　　　(分)

③（午後）→（午後）　　　(時間)

④（午前）→（午前）　　　(時間)

③ 次の時こくをもとめましょう。　　20点(1つ5)

（午前）

① 30分たった時こく　　　(午前10時)

② 30分前の時こく　　　( )

③ 1時間たった時こく　　　( )

④ 1時間前の時こく　　　( )

4 下の絵を見て答えましょう。

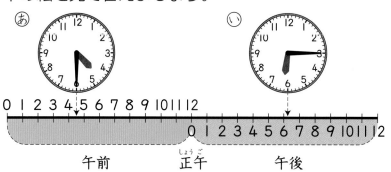

午前は12時間、午後は12時間で、あわせて24時間だね。

① あの時こくを答えましょう。 　　　　　　　（　　　　　　　　）

② いの時こくを答えましょう。 　　　　　　　（　　　　　　　　）

③ 午前7時から正午までの時間は何時間でしょう。

　　　　　　　　　　　　　　　　　　　　　　（　　　　　　　　）

④ 正午から午後3時までの時間は何時間でしょう。

　　　　　　　　　　　　　　　　　　　　　　（　　　　　　　　）

⑤ 午前8時から午後2時までの時間は何時間でしょう。

　　　　　　　　　　　　　　　　　　　　　　（　　　　　　　　）

5 次の□にあてはまる数をかきましょう。 　　　　　　20点(1つ2)

① 1分＝[　　　]秒

② 1分15秒＝[　　　]秒

③ 1分26秒＝[　　　]秒

④ 2分＝[　　　]秒

⑤ 2分6秒＝[　　　]秒

⑥ 3分10秒＝[　　　]秒

⑦ 60秒＝[　　　]分

⑧ 96秒＝[　　　]分[　　　]秒

⑨ 180秒＝[　　　]分

⑩ 200秒＝[　　　]分[　　　]秒

1分＝60秒、1時間＝60分、1日＝24時間という時間のたんいのかん係をしっかりおぼえておこう。

31 時こくと時間の計算 ①

月　日　時　分〜　時　分

名前

点

1 次の左の時こくから右の時こくまでの時間を答えましょう。　　42点(1つ6)

① (午前) → (午前)

(25 分)

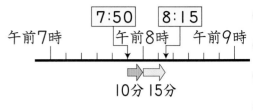

7:50 ── 8:15

午前7時　　午前8時　　午前9時

10分 15分

8時で区切って
考えるといいよ。

② (午後) → (午後)

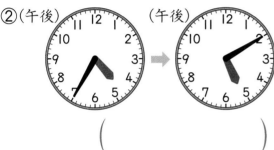

(　　　　)

③ (午後) → (午後)

(　　　　)

④ (午後) → (午後)

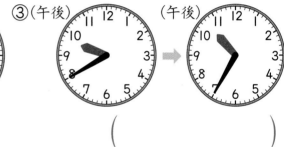

(　　　　)

⑤ (午後) → (午後)

(　　　　)

⑥ (午後) → (午後)

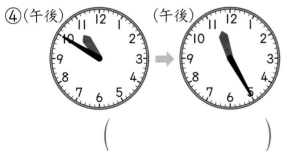

(　　　　)

⑦ (午後) → (午後)

(　　　　)

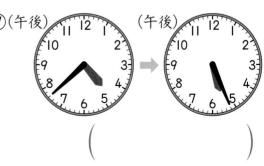

61

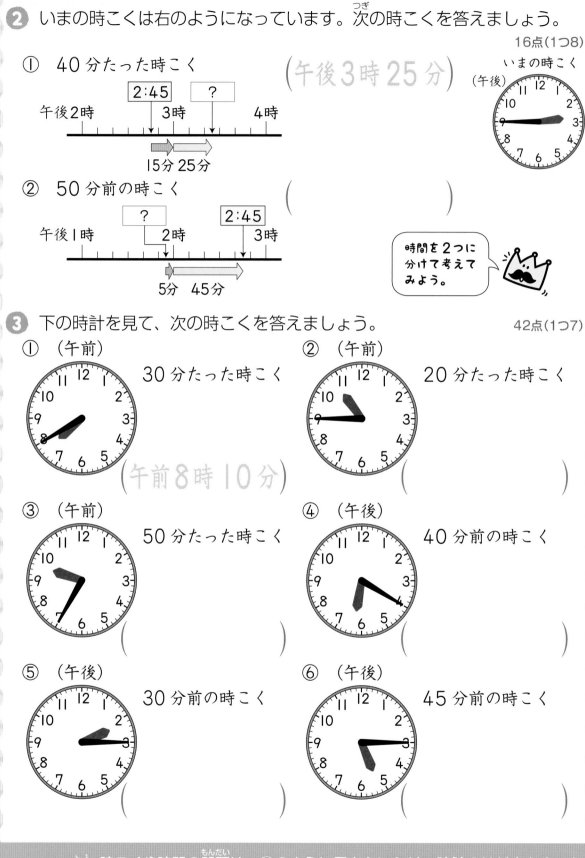

2 いまの時こくは右のようになっています。次の時こくを答えましょう。

16点(1つ8)

① 40分たった時こく

(午後3時25分)

いまの時こく

(午後)

2:45　?

午後2時　3時　4時

15分 25分

② 50分前の時こく

?　2:45

午後1時　2時　3時

5分　45分

時間を2つに分けて考えてみよう。

3 下の時計を見て、次の時こくを答えましょう。

42点(1つ7)

① (午前)　30分たった時こく

(午前8時10分)

② (午前)　20分たった時こく

(　　　　)

③ (午前)　50分たった時こく

(　　　　)

④ (午後)　40分前の時こく

(　　　　)

⑤ (午後)　30分前の時こく

(　　　　)

⑥ (午後)　45分前の時こく

(　　　　)

時こくや時間の問題は、②のように図をかいたり、時計のはりをかきいれたりして考えるとわかりやすくなるよ。

月　日　時　分〜　時　分

名前

点

1 次の時間をもとめましょう。　　　　　　　　　24点(1つ6)

① 午前8時30分から午前9時10分までの時間

（　　　40分　　　）

② 午前7時45分から午前8時20分までの時間

（　　　　　　　　）

③ 午後9時50分から午後10時35分までの時間

（　　　　　　　　）

④ 午後5時35分から午後6時15分までの時間

（　　　　　　　　）

2 次の時こくをもとめましょう。　　　　　　　　28点(1つ7)

① 午前9時25分から1時間たった時こく

（午前10時25分）

② 午前10時55分から30分たった時こく

（　　　　　　　　）

③ 午後8時45分から35分たった時こく

（　　　　　　　　）

④ 午前7時25分から45分前の時こく

（　　　　　　　　）

3 次の時間や時こくをもとめましょう。 48点（1つ6）

① 午前5時45分から午前7時までの時間

(1時間15分)

② 午前10時40分から午前11時35分までの時間

( )

③ 午前9時50分から午後1時50分までの時間

( )

④ 午前10時から午後4時30分までの時間

( )

⑤ 午前9時30分から午後3時までの時間

( )

⑥ 午前10時35分から4時間たった時こく

(午後2時35分)

⑦ 午後1時40分から2時間前の時こく

( )

⑧ 午前11時50分から1時間30分前の時こく

( )

問題が正午をまたぐときは、午前と午後に分けて考えるといいよ。

表づくり

❶ 3年1組で、すきな食べものを、一人がひとつずつかいて調べました。

40点(1つ4)

カレーライス	ホットケーキ	ホットケーキ	ハンバーグ	ハンバーグ
ホットケーキ	ハンバーグ	ハンバーグ	ホットケーキ	ホットケーキ
カレーライス	ホットケーキ	ハンバーグ	エビフライ	ホットケーキ
ハンバーグ	カレーライス	ホットケーキ	ホットケーキ	カレーライス
ハンバーグ	エビフライ	ホットケーキ	カレーライス	エビフライ

① 下の表に、「正」の字をかいて整理しましょう。

ハンバーグ	正 T
ホットケーキ	㋐
エビフライ	㋑
カレーライス	㋒

② 左の表の正の字を数字にかきなおして、下の表に整理しましょう。

すきな食べもの(1組)

食べもの	人数(人)
ハンバーグ	㋐ 7
ホットケーキ	㋑
エビフライ	㋒
カレーライス	㋓
合計	㋔

③ 3年1組の人数は、何人でしょう。

（　　　　　　　）

④ すきな人がいちばん多い食べものは何でしょう。

（　　　　　　　）

ていねいに数えないといけないね。

2 3年1組で、ドッジボール、ラインサッカー、ハンドベース、ポートボールの4つの中から、きぼうするスポーツをえらび、一人がひとつずつかきました。

60点(1つ5)

ラインサッカー	ドッジボール	ハンドベース	ドッジボール	ラインサッカー
ラインサッカー	ラインサッカー	ラインサッカー	ポートボール	ドッジボール
ドッジボール	ラインサッカー	ドッジボール	ハンドベース	ポートボール
ドッジボール	ポートボール	ドッジボール	ラインサッカー	ラインサッカー
ハンドベース	ラインサッカー	ラインサッカー	ラインサッカー	ドッジボール
ラインサッカー	ドッジボール	ドッジボール	ポートボール	ラインサッカー

① 下の表に、「正」の字をかいて整理しましょう。

ドッジボール	㋐
ラインサッカー	㋑
ハンドベース	㋒
ポートボール	㋓

② 左の表の正の字を数字にかきなおして、下の表に整理しましょう。

きぼうするスポーツ(1組)

スポーツ	人数(人)
ドッジボール	㋐
ラインサッカー	㋑
ハンドベース	㋒
ポートボール	㋓
合計	㋔

③ 3年1組の人数は、何人でしょう。　　　　　（　　　　　　　）

④ きぼうがいちばん多いスポーツは何でしょう。　（　　　　　　　）

⑤ きぼうがいちばん少ないスポーツは何でしょう。（　　　　　　　）

🐺 表に整理するときは、もれや重なりがないように、数えたものは線でけしていくといいよ。

66

34 ぼうグラフのよみ方

1 学校の前を1時間に通った乗用車の色べつの台数を、次のようなグラフに表しました。

30点(1つ6)

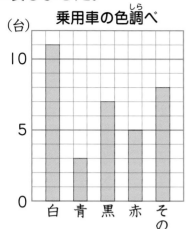

（台）　乗用車の色調べ

① 左のようなグラフを何というでしょう。

（ ぼうグラフ ）

② 1目もりは、何台を表しているでしょう。

（　　　　　　　　）

③ 数がいちばん多い色は何でしょう。

（　　　　　　　　）

④ ③の色の乗用車は何台でしょう。

（　　　　　　　　）

数が少ない色は、まとめて「その他」としているよ。

⑤ 黒は青より何台多いでしょう。

（　　　　　　　　）

2 次のグラフは、なわとびでとんだ回数を表したものです。

30点(1つ6)

なわとびの回数

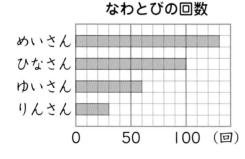

回数が多いじゅんだとわかりやすいね。

① 1目もりは何回を表しているでしょう。

（　　　　　　　　）

② それぞれがとんだ回数をかきましょう。

㋐ めいさん（　　　　　）　　㋑ ひなさん（　　　　　）

㋒ ゆいさん（　　　　　）　　㋓ りんさん（　　　　　）

❸ 次のぼうグラフを見て答えましょう。 20点(1つ5)

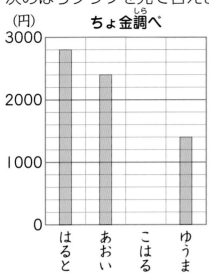

① 1目もりは何円を表しているでしょう。

（　　　　　　　）

② はるとさんのちょ金は何円でしょう。

（　　　　　　　）

③ こはるさんのちょ金は何円でしょう。

（　　　　　　　）

④ あおいさんは、ゆうまさんより何円多いでしょう。

（　　　　　　　）

❹ 次のぼうグラフで、ぼうが表している大きさは、それぞれどれだけでしょう。

20点(1つ5)

① （こ）

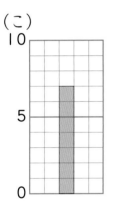

（　　　　　　　）

② （人）

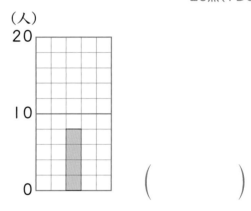

（　　　　　　　）

③ （台）

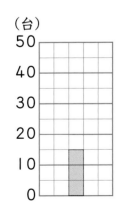

（　　　　　　　）

④ （m）

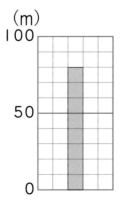

（　　　　　　　）

ぼうグラフのたて（または横）の1目もりの大きさは、1とはかぎらないので注意しよう。2の場合、5の場合、10の場合など、いろいろあるんだよ。

35　ぼうグラフのかき方

月　日　　時　分〜　時　分

名前

点

❶ 次の表は、学校の前を 10 分間に通った乗り物の数を調べたものです。ぼうグラフに表しましょう。

40点(1つ10)

乗り物調べ

しゅるい	台数(台)
乗用車	13
バス	4
トラック	6
オートバイ	7
自転車	2

① 表題をかきましょう。

② たてに、台数の目もりとたんいをかきましょう。

③ 横に、乗り物の名前をかきましょう。

④ 台数にあわせてぼうをかきましょう。

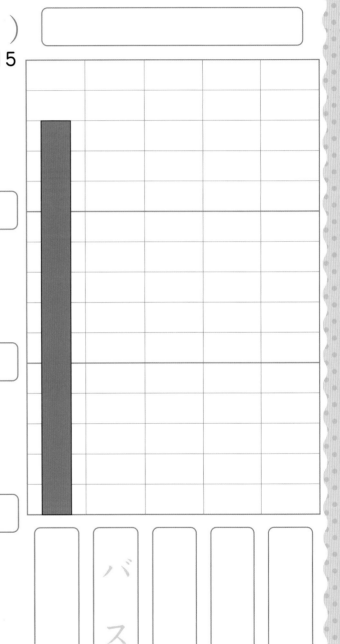

（　）

15

バス

69

❷ 次の表は、あいりさんのクラスですきな食べものを調べたものです。ぼうグラフに表しましょう。

40点(1つ10)

すきな食べもの

食べもの	人数(人)
カレーライス	9
ハンバーグ	11
ラーメン	4
コロッケ	7
その他	2

① 表題をかきましょう。

② たてに、人数の目もりとたんいをかきましょう。

③ 横に、食べものの名前を人数の多いじゅんにかきましょう。

④ 人数にあわせてぼうをかきましょう。

「その他」は人数にかん係なく、さいごにかくんだよ。

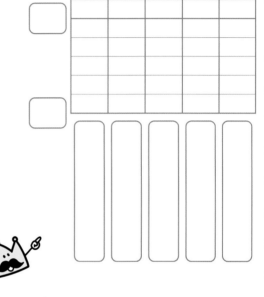

❸ 次の表は、食べもののねだんを表したものです。ねだんの高いじゅんに、ぼうグラフにかいてみましょう。

20点

食べもののねだん

食べもの	ねだん(円)
とうふ	70
たまご	30
ハム	120
ヨーグルト	90

１目もりを何円にするといいかな。

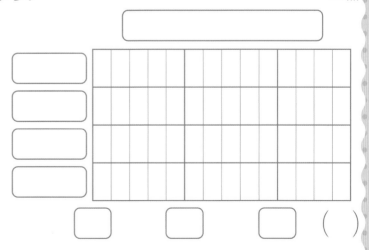

ぼうグラフをかくときは、いちばん大きい数がかけるように、１目もりの大きさを決めることがたいせつだよ。おぼえておこう。

36 表やグラフを使って

月　日　　時　分〜　時　分

名前

点

❶ 次の表は、3年生のクラスの町べつの人数です。　　　50点(1つ10)

1組

町名	人数(人)
東町	9
西町	10
南町	7
北町	6

2組

町名	人数(人)
東町	5
西町	9
南町	11
北町	8

3組

町名	人数(人)
東町	8
西町	7
南町	10
北町	7

① 上の表を、右の表にまとめて表しましょう。

町べつの人数(人)

組 / 町名	1組	2組	3組	合　計
東　　町				
西　　町				
南　　町				
北　　町				
合　　計				

たての合計をたしても、横の合計をたしても同じになるよね。

② 東町の人数は、みんなで何人でしょう。　　（　　　　　　）

③ 人数がいちばん多い町は何町でしょう。　　（　　　　　　）

④ 1組の人数は、みんなで何人でしょう。　　（　　　　　　）

⑤ 3年生の人数は、みんなで何人でしょう。　　（　　　　　　）

❷ ある3年生のクラスでは、男子と女子それぞれがよみたい本を一人1さつずつかいて、本のしゅるいと、男子と女子の人数を次のような表にまとめて、ぼうグラフに表しました。

よみたい本の人数(人)

しゅるい＼男女	男子	女子	合 計
童話	6	5	
でん記	4	5	
科学	3	4	
合 計	13	14	27

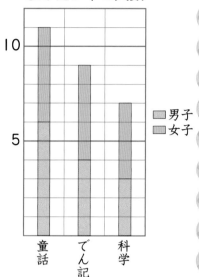

(人) よみたい本の人数

① 童話をよみたい人は何人でしょう。

（　　　　　　　　）

② よみたい人がいちばん多い本のしゅるいは何でしょう。

（　　　　　　　　）

③ でん記をよみたい人と科学をよみたい人の人数のちがいは何人でしょう。

（　　　　　　　　）

④ 男子と女子の人数のちがいをわかりやすくするために、次のようなグラフで表しました。このグラフをかんせいさせましょう。

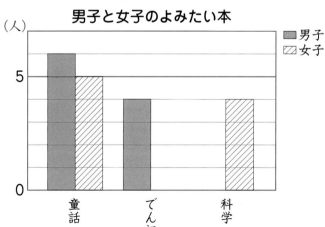

男子と女子のよみたい本

男子と女子のぼうを横にならべるとくらべやすいね。

👑 いくつかのことがらをまとめるときの、表やグラフのかきかたをおさえておこう。

37 まとめのテスト

1 次の□にあてはまる数や重さのたんいをかきましょう。　　36点(1つ3)

① 4 km = [　　　] m

② 7000 m = [　　　] km

③ 2 km 80 m = [　　　] m

④ 3250 m = [　　　] km [　　　] m

⑤ 9 kg = [　　　] g

⑥ 1 kg 800 g = [　　　] g

⑦ 2040 g = [　　　] kg [　　　] g

⑧ 図かんの重さ 1 [　　　]

⑨ 2 時間 30 分 = [　　　] 分

⑩ 85 分 = [　　　] 時間 [　　　] 分

⑪ 160 秒 = [　　　] 分 [　　　] 秒

⑫ 3 分 20 秒 = [　　　] 秒

2 次の計算をしましょう。　　18点(1つ3)

① 1 km 200 m + 3 km

② 2 km 800 m + 1 km 500 m

③ 1 km − 200 m

④ 3 km 300 m − 1 km 700 m

⑤ 1 kg 700 g + 500 g

⑥ 2 kg 200 g − 1 kg 400 g

3 次の時こくや時間をもとめましょう。　6点(1つ2)

① 40 分たった時こく　　(　　　　　　　)

② 50 分前の時こく　　(　　　　　　　)

③ 午後5時5分までの時間 (　　　　　　　)

いまの時こく
（午後）

4 ひろきさんの組で、すきなおかしを一人が1まいずつカードにかいて調べました。

40点(①③1つ10、②20)

クッキー	ラムネ	チョコレート	クッキー	チョコレート	ガム
チョコレート	あめ	クッキー	あめ	チョコレート	クッキー
あめ	チョコレート	マシュマロ	ラムネ	ラムネ	チョコレート
クッキー	あめ	あめ	チョコレート	ガム	クッキー
せんべい	チョコレート	チョコレート	あめ	クッキー	ラムネ

① 右の表を使って整理し、それぞれの人数をもとめましょう。

すきなおかし

おかし	人数(人)	
クッキー		㋐
ラムネ		㋑
チョコレート		㋒
あめ		㋓
その他		㋔

② ①の表をみて、ぼうグラフにかきましょう。

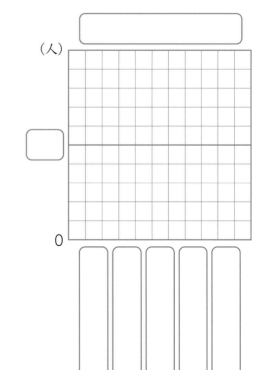

(人)

0

③ すきな人がいちばん多いおかしは何でしょう。

(   )

1 次の数を数字でかきましょう。　　　　　　　　　　16点(1つ4)

① 千万を3こ、百万を7こ、一万を4こ、千を2こあわせた数

（　　　　　　　　　）

② 十万を520こ集めた数　　　　　　　　（　　　　　　　　　）

③ 760を100倍した数　　　　　　　　（　　　　　　　　　）

④ 450を10でわった数　　　　　　　　（　　　　　　　　　）

2 次の□にあてはまる数をかきましょう。　　　　　　16点(1つ4)

① 1を3こと、0.1を5こあわせた数は [　　　　　] です。

② 0.1を23こ集めた数は、[　　　　] です。

③ $\frac{7}{8}$ は、$\frac{1}{8}$ を [　　　　] こ集めた数です。

④ $\frac{6}{10}$ を小数で表すと [　　　　] です。

3 次の数のうち、大きいほうをかきましょう。　　　　12点(1つ4)

① 4.3、3.4　　　② $\frac{5}{9}$、$\frac{7}{9}$　　　③ $\frac{5}{4}$、1

（　　　　　）　　　（　　　　　）　　　（　　　　　）

4 次の□にあてはまる数をかきましょう。　　　　　　16点(1つ4)

① 1080m= [　　　] km [　　　] m ② 6000g= [　　　] kg

③ 1分20秒= [　　　] 秒　　　　④ 3km500m= [　　　] m

5 次の時間や時こくを答えましょう。　　　　　　　　　　12点(1つ4)

① 午前11時20分から午後2時までの時間

（　　　　　　　　　）

② 午前8時50分から50分後の時こく

（　　　　　　　　　）

③ 午後5時から1時間30分前の時こく

（　　　　　　　　　）

6 次の角と等しい大きさの角はどれでしょう。　　　　　　8点(1つ4)

①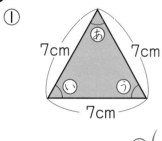

②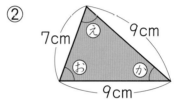

あ（　　　　　　　　　）　　　　　　お（　　　　　　　　　）

7 めいさんたちのボール投げの記ろくを、次のようなぼうグラフに表しました。

20点(1つ5)

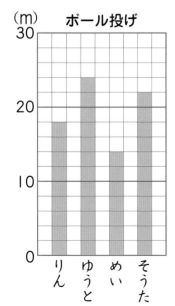

① 1目もりは、何mを表しているでしょう。

（　　　　　　　　　）

② りんさんは、何m投げたでしょう。

（　　　　　　　　　）

③ いちばん遠くへ投げたのはだれでしょう。

（　　　　　　　　　）

④ りんさんとめいさんの投げた長さのちがいは何mでしょう。

（　　　　　　　　　）

39 しあげのテスト2

1 次の□にあてはまる数をかきましょう。　　　　　20点(1つ5)

① 43000 は、一万を □ こ、千を □ こあわせた数です。

② 580000 は、千を □ こ集めた数です。

③ 2.7 は 0.1 を □ こ集めた数です。

④ $\frac{1}{6}$ を □ こ集めると、1になります。

2 次の数を大きいじゅんにかきましょう。　　　　　10点(1つ5)

① 4.1、3.9、4.5

② $\frac{9}{7}$、$\frac{6}{7}$、1

（　　　　　　　）（　　　　　　　）

3 次のはかりの目もりをよみましょう。　　　　　10点(1つ5)

①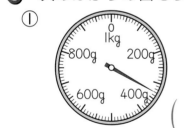

②

（　　　　　　　）（　　　　　　　）

4 次の計算をしましょう。　　　　　20点(1つ5)

① 600 m＋800 m

② 1 km 200 m－400 m

③ 1 kg 400 g＋900 g

④ 2 kg 500 g－600 g

5 右の図のように、半径3cmの円を2つかきました。点ア、点イはそれぞれ円の中心です。

12点(1つ4)

① 1つの円の直径は何cmでしょう。

（　　　　　　　　）

② ㋒の三角形を何というでしょう。

（　　　　　　　　）

③ ㋓の三角形のまわりの長さは何cmでしょう。

（　　　　　　　　）

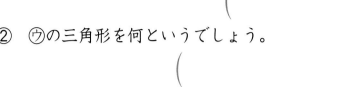

5cm ㋒ ㋓ イ ア 3cm

6 次のような円や三角形をかきましょう。

8点(1つ4)

① 点アを中心とする直径4cmの円

② 辺の長さが3cm、4cm、4cmの二等辺三角形

・ア

7 次の表は、けんたさんのクラスですきなスポーツの人数を調べたものです。ぼうグラフに表しましょう。

全部できて20点

すきなスポーツ

スポーツ	人数(人)
水泳	5
サッカー	11
野球	9
マラソン	3
その他	7

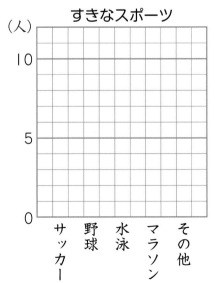

すきなスポーツ

(人)

10

5

0

サッカー　野球　水泳　マラソン　その他

40　4年生の勉強

★一億をこえる数のよみ方やかき方を調べてみましょう。

1 右の数のよみ方を調べましょう。

$$639582000000$$

- 千万より大きな数のしくみは、次のようになっています。

    千万の10倍は一億　　　100000000

    一億の10倍は十億　　　1000000000

    十億の10倍は百億　　　10000000000

    百億の10倍は千億　　　100000000000

10倍ごとに上の位になっているよ。

- 上の数を、右から4けたごとに区切って、位をかいた表にあてはめてかきましょう。

千	百	十	一	千	百	十	一	千	百	十	一
			億				万				
6	3	9	5	8	2	0	0	0	0	0	0

- これをよむと、「六千三百九十五億八千二百万」となります。

2 「八十三億二千五百万七千」を数字でかいてみましょう。

- 位をかいた表にあてはめます。

十億の位	一億の位	千万の位	百万の位	十万の位	一万の位	千の位	百の位	十の位	一の位

あてはまる数字がない位は、0をかいておくんだよ。

- 数字でかくと、（　　　　　　　　　　）となります。

3 5184200000 のよみを漢字でかきましょう。

（　　　　　　　　　　　　　　　　　）←右から4けたごとに区切ってみましょう。

★広さの表し方やもとめ方を考えてみましょう。

④ 下の図の⑥の長方形と◎の正方形では、どちらが、どれだけ広いか調べましょう。

広さを数で表すと、くらべるのに、べんりだね。

• ⑥と◎を、それぞれ同じ大きさの正方形に区切って、広さが何こ分ちがうかくらべます。

　下の図のように、１辺が１cmの正方形に区切りました。

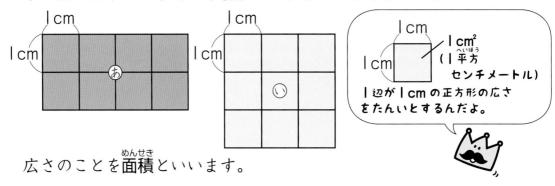

１cm²（１平方センチメートル）

１辺が１cmの正方形の広さをたんいとするんだよ。

　広さのことを**面積**といいます。

• 面積は、１辺が１cmの正方形がいくつ分あるかで表します。

　１辺が１cmの正方形の面積を、**１cm²（１平方センチメートル）**といいます。

　cm² は面積のたんいです。

• ⑥の面積は、１cm²の正方形が８こ分あるから、①「8」cm² です。

　◎の面積は、１cm²の正方形が② □ こ分あるから、③ □ cm² です。

　だから、◎のほうが④ □ cm² だけ広いです。

1 2年生で習ったこと①

1 ①438　②705　③54
　　④5768　⑤3200　⑥48

2 ①100　②⑦2400　①5900

③
```
1000  2000  3000  4000  5000
```
↑

3 ①午前7時12分
　　②午後4時56分

4 ①2cm5mm　　②6cm7mm

5 ①1、80　　②263

6 ①あ、お、こ　　②い、え、く

7 ①4こ　　②けしゴム
　　③ものさし　　④4こ

📖 **おうちの方へ**　2年生で習ったことの
ふく習です。どれもたいせつな問題です
ので、きちんとりかいして、次にすすみ
ましょう。

2　数の直線では、まず、1目もりがい
　くつかを考えます。1目もりは、
　1000を10こに分けているので、
　100になります。

5　①1m=100cmです。180cmは
　100cmと80cmですから、1m80cm
　と考えます。

6　うとけは直線ではないところがあり
　ます。また、かは直線がはなれていま
　す。図をしっかり見て答えましょう。

2 2年生で習ったこと②

1 ①803　②350　③25
　　④9680　⑤37　⑥9990

2 ⑦5500　①6400　⑦7750

3 ①m　②mm　③cm　④cm

4 ①　　　　　②（れい）

ア　　　　　　　　ア

5 ①60　②24　③100　④2

6 ①え　②う、お　③い、き

7 ①⑦…長方形　　①…正方形
　　②6つ　　③2つずつ
　　④12　　⑤8つ

📖 **おうちの方へ**　**2**　数の直線をよむと
きは、1目もりが表す大きさを考えます。
1000を10に分けて、さらに2つに
分けているので、小さい1目もりは
50です。

6　図の中から、かどがみんな直角に
なっている四角形をさがします。その
中で辺の長さがみんな同じものが正方
形です。直角三角形は、1つのかど
が直角になっている三角形です。これ
らのことをしっかりと頭に入れておき
ましょう。

7　両方の箱の形の、面、辺、ちょう
点の数はそれぞれ同じです。まちがえ
たら、家にある箱で、面、辺、ちょう
点の数を調べてみましょう。

3 一万をこえる数

1 ①3　②4　③6　④5

2 ①十万　②百万
　③千万　④一億

3 ①百万　②千万
　③十万　④一万

4 ①六万千三百四十二
　②三万百五十八
　③四十八万四百六十
　④六百五万八千二百四十
　⑤五千二百七十八万千四百五十三
　⑥二千九百三万四千二百

5 ①25378　②8304610
　③24934257　④42006030
　⑤345609　⑥6039528
　⑦20853096

🏠 おうちの方へ 大きい数をよんだり、かいたりするときに、位どりをまちがえやすいので、なれるまでは、めんどうでも、右から4けたごとに区切って考えるようにしましょう。

4 位どりの表にあてはめて考えるとわかりやすいです。数字が0の位には気をつけましょう。

5 位どりの表にあてはめて数字をいれて考えましょう。かいていない位は0となります。位どりのまちがいがないか、見直しましょう。

4 大きな数のしくみ

1 ①10倍　②千万

2 ①8　②15　③150
　④380　⑤3800　⑥2600

⑦5324　⑧48
⑨120000　⑩180000

3 ①52140000　②28030100
　③1070060　④84520000
　⑤79060000　⑥60800000
　⑦50340000　⑧25016000
　⑨7081530

4 ①308　②3080　③30800

🏠 おうちの方へ **2** ①～⑦は、それぞれの数を千や一万の位で区切ってみるとわかりやすくなります。⑨一万が10こで10万だから、一万が12こで12万です。⑩千が10こで1万だから、180は10の18倍で、18万になります。

3 位どりの表にあてはめて考えると、まちがいが少なくなります。かいていない位に注意しましょう。

5 大きな数の大小

1 ①⑦80000　⑦110000
　⑦120000
　②⑦570000　⑦840000
　⑦1000000
　③⑦46000　⑦47700
　⑦49200　⑦50500

2 ①100000　②543000
　③264000　④161000
　⑤760300

3 ①376425、374625、367425
　②110100、101010、101000

4 ①＞　②＜　③＞　④＜
　⑤＞　⑥＜　⑦＜　⑧＜
　⑨＜　⑩＞　⑪＞　⑫＜

⑬＜　　⑭＞　　⑮＜　　⑯＞

⑰＞　　⑱＞

6 10倍、100倍、1000倍した数、10でわった数

❶　①1　　②2　　③3、3

❷　①100　　②1000　　③10000
　　④100　　⑤240　　⑥3600
　　⑦20000　　⑧48000

❸　①620　　6200　　62000
　　②400　　4000　　40000
　　③7000　　70000　　700000
　　④2950　　29500　　295000
　　⑤9100　　91000　　910000

❹　①1　　②28　　③280

❺　①6　　②9　　③70　　④81
　　⑤300　　⑥470　　⑦590　　⑧1070

7 小数のいみ

❶　①0.1 L　　②0.3 L　　③0.7 L
　　④0.5 L　　⑤1.2 L　　⑥1.7 L
　　⑦1.4 L　　⑧2.3 L　　⑨3.5 L
　　⑩2.9 L　　⑪3.8 L

❷
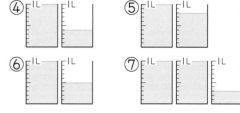
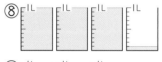

❸　①1.2、0.1、3.5、0.8
　　②3、0、10

8 小数を使ったりょうの表し方

1 ①0.2　　②0.8　　③1.5
　　④1.7　　⑤2.1　　⑥3.8

2 ①6.2 cm　　　②11.6 cm

3 ①
　②

4 ①0.6　　　　②5.4
　　③0.9　　　　④1.7
　　⑤0.2　　　　⑥1.5
　　⑦1.3　　　　⑧1.5

5 ①7　　　　　②6、8
　　③5、10　　　④1、7
　　⑤9　　　　　⑥2500

9 小数の大きさ

1 ①8　　　　②10　　　　③18
2 ①2　　②12　　③6　　④26
　　⑤5　　⑥35　　⑦3　　⑧43
3 ①0.9　②2.8　③14.5　④10.3

4 ①⑦0.2　　　④1.5
　　②⑦0.7　　　④2.3　　　⑰3.5
　　③⑦0.4　　　④1.7　　　⑰3.8
　　④⑦1.2　　　④2.6　　　⑰4.2
　　㊤5.7

10 小数の大きさくらべ

1 ①
　　②⑦1.4　　　④4.1　　　⑰3.1
　　㊤4.1　　　㋔2.9

2 ①0.7　　②1.3　　③2.1
　　④3.1　　⑤2.8　　⑥4.5
　　⑦4.1　　⑧3.2　　⑨4.3
　　⑩5.1

3 ①<　　②<　　③>　　④>
　　⑤<　　⑥>　　⑦<　　⑧>
　　⑨>　　⑩<　　⑪>　　⑫<

4 ①0.8、1、1.1
　　②3.9、4、4.2、4.6
　　③5.9、6.1、6.4、6.6
　　④8.1、8.5、8.9、9.1

おうちの方へ 小数の大きさをくらべるときは、大きい位からじゅんにくらべます。❸、❹で、わかりにくいときは、数直線を使って考えるとよいでしょう。

❹ ①1は0.1が10こ、0.8は0.1が8こ、1.1は0.1が11こだから、小さいじゅんに、0.8、1、1.1となります。

11 分数のいみ

❶ ①$\frac{1}{2}$ m ②$\frac{1}{3}$ m ③$\frac{1}{4}$ m

④$\frac{1}{5}$ m ⑤$\frac{2}{6}$ m ⑥$\frac{3}{8}$ m

⑦$\frac{4}{10}$ m ⑧$\frac{5}{9}$ m

⑨$\frac{1}{3}$ L ⑩$\frac{3}{5}$ L ⑪$\frac{5}{7}$ L

⑫$\frac{2}{4}$ L ⑬$\frac{4}{6}$ L

❷

① $\frac{5}{6}$ m

② $\frac{2}{6}$ m

③ $\frac{6}{6}$ m

❸ ①$\frac{2}{3}$ m ②$\frac{3}{4}$ m ③$\frac{4}{5}$ m ④$\frac{2}{5}$ m

⑤$\frac{3}{3}$ m(1) ⑥$\frac{5}{4}$ m ⑦$\frac{3}{5}$ L ⑧$\frac{4}{6}$ L

⑨$\frac{6}{6}$ L(1) ⑩$\frac{6}{7}$ L ⑪$\frac{7}{8}$ L

❹ ①$\frac{1}{5}$ cm ②$\frac{1}{3}$ km

③$\frac{4}{7}$ m ④$\frac{6}{9}$ mm

おうちの方へ 1より小さい数を表す数として、分数を学習します。小数では、1を10等分しましたが、分数では

1を何等分にしてもよいので、それぞれ1を何等分しているかがたいせつです。

❶ ⑤1mを6等分した2こ分で、$\frac{2}{6}$ mです。

❷ ③$\frac{6}{6}$ mは、$\frac{1}{6}$ mの6こ分です。つまり、1mになることをおさえておきましょう。 $\boxed{\frac{6}{6}=1}$

12 分数の大きさ

❶ ①$\frac{1}{4}$ ②$\frac{3}{4}$ ③3

❷ ①$\frac{3}{5}$ ②$\frac{5}{5}$(1) ③$\frac{6}{5}$ ④$\frac{7}{5}$

❸ ①$\frac{4}{8}$ ②$\frac{5}{7}$ ③$\frac{9}{9}$(1) ④$\frac{10}{6}$

❹ ①4 ②7 ③1 ④$\frac{1}{6}$

❺ ①2こ ②3こ ③5こ ④8こ ⑤7こ

❻ ①2 ②4 ③7 ④10

おうちの方へ ❷ ②$\frac{1}{5}$を5こ集めた数は$\frac{5}{5}$で、これは1と同じです。

$\frac{分母}{5}$と$\frac{分子}{5}$が同じ数の分数は1と同じです。

13 分数の大きさくらべ

❶

❷ ①(ア)$\frac{1}{8}$ (イ)$\frac{3}{8}$ (ウ)$\frac{6}{8}$ (エ)$\frac{10}{8}$

②3こ ③6こ ④$\frac{6}{8}$ ⑤8こ

⑥10こ ⑦$\frac{10}{8}$ ⑧1

85

③ ①$\frac{4}{7}$　②$\frac{7}{8}$　③$\frac{4}{9}$

④$\frac{8}{6}$　⑤$\frac{5}{4}$　⑥$\frac{6}{5}$

⑦1　⑧$\frac{9}{8}$　⑨1

⑩$\frac{11}{9}$　⑪1　⑫$\frac{12}{10}$

④ ①<　②<　③>　④>

⑤=　⑥<　⑦<　⑧=

⑨>　⑩>

🏠 **おうちの方へ**　数直線によって1を何

等分しているかをしっかりつかんで考え

るようにします。

❸　⑧1は$\frac{8}{8}$と同じだから、$\frac{9}{8}$のほう

が大きいです。

❹　⑤、⑥では1=$\frac{10}{10}$、⑧では1=$\frac{6}{6}$、

⑩では1=$\frac{7}{7}$と考えます。

14 分数と小数

① ①10等分　②10等分　③0.1

④0.4　⑤$\frac{3}{10}$　⑥3　⑦2

② ①10、$\frac{1}{10}$　　②6、$\frac{6}{10}$

③ ①$\frac{2}{10}$L　②$\frac{4}{10}$L　③$\frac{5}{10}$L

④$\frac{8}{10}$L　⑤$\frac{7}{10}$L　⑥$\frac{9}{10}$L

⑦$\frac{12}{10}$L　⑧$\frac{11}{10}$L　⑨$\frac{15}{10}$L

⑩$\frac{19}{10}$L　⑪$\frac{14}{10}$L　⑫$\frac{16}{10}$L

④ ①0.3L　②0.5L　③0.8L

④0.4L　⑤0.6L　⑥0.9L

⑦1.3L　⑧1.8L　⑨1.9L

⑩1.1L　⑪1.7L　⑫1.6L

🏠 **おうちの方へ**　分数と小数のかん係を

考えます。0.1も$\frac{1}{10}$も1を10等分し

た1こ分であることから、0.1=$\frac{1}{10}$

となります。

❶　⑥0.1を分数で表すと、$\frac{1}{10}$です。

このことから、小数第1位を$\frac{1}{10}$の位

といいます。

❸　①0.2は0.1の2こ分だから、分数

で表すと$\frac{1}{10}$の2こ分で$\frac{2}{10}$となり

ます。

👑 15 まとめのテスト

① ①3　②十万の位　③百万

② ①31540000　②210000

③150000　④3408600

③ ⑦540000　④870000

⑨1000000

④ ①4、6　②20.5　③3.8

⑤ ①3.4　②4.6　③520　④38

⑥ ①3　②$\frac{8}{6}$　③5　④$\frac{9}{10}$

⑦ ①$\frac{2}{6}$m　　②$\frac{10}{8}$m

⑧ ①1.3　②5.1　③1.2

④$\frac{4}{8}$　⑤1　⑥$\frac{5}{3}$

🏠 **おうちの方へ**　数のないようのまとめ

のテストです。

1、**2**は位取りの表を使って考えると

わかりやすいです。

2　②21の右に、10000と同じ数だ

け0をかきます。

③150の右に、1000と同じ数だけ

0をかきます。

5 ①10cm は 0.1m だから、40cm は 0.4m です。
②1dL＝0.1L だから、6dL は 0.6L です。

7 ①1m を 6等分した $\frac{1}{6}$ の 2こ分です。
②1m を 8等分した $\frac{1}{8}$ の 10こ分です。

👑16 円と球

1 ①円　　②中心　　③半径
④直径（ちょっけい）　⑤2

2 ①
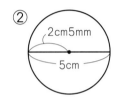
2cm

②
2cm5mm
5cm

3 ㋐

4 ①(球の)半径　　②(球の)中心
③(球の)直径

5 ①8　　②3　　③10　　④1、5
⑤4　　⑥16　　⑦7

6 ①3cm　　②1cm5mm

🏠 おうちの方へ　3 直線を同じ長さに区切（くぎ）ったり、長さをうつしとったりするときも、コンパスを使います。
6 箱（はこ）と箱の間の長さが、そのまま球の直径になります。直径と半径のくべつをしっかりしておきましょう。半径は直径の半分です。

👑17 三角形

1 ①二等辺三角形（にとうへんさんかくけい）　②正三角形（せいさんかくけい）

2 ①正三角形　　②二等辺三角形
③二等辺三角形　　④正三角形

3 ①…あ、か　　②…う、え

4 ①…う、か、き、く、さ、し
②…あ、お、け

5 ①二等辺三角形　　②正三角形
③二等辺三角形

🏠 おうちの方へ　二等辺三角形と正三角形について学習（がくしゅう）します。
4 コンパスで3つの辺（へん）の長さを調（しら）べ、同じ長さの辺がいくつあるかを考えます。2つあれば二等辺三角形、3つあれば正三角形です。

👑18 二等辺三角形と正三角形のかき方

1 ①
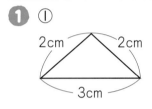
2cm　2cm
3cm

②
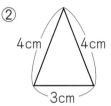
4cm　4cm
3cm

③
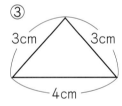
3cm　3cm
4cm

④
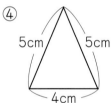
5cm　5cm
4cm

⑤
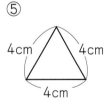
4cm　4cm
4cm

⑥
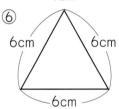
6cm　6cm
6cm

2 ①
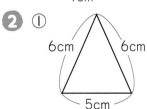
6cm　6cm
5cm

②
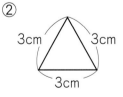
3cm　3cm
3cm

③
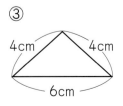
4cm　4cm
6cm

④
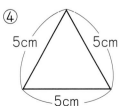
5cm　5cm
5cm

③ ①③（下の図） ②二等辺三角形（にとうへんさんかくけい）
　　　　　　　　 ④正三角形（せいさんかくけい）

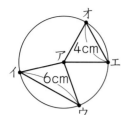

🏠 おうちの方へ ❶　二等辺三角形をか
くときは、はじめに１つだけ長さのち
がう辺（へん）をかくようにします。①では、
３cm の辺をはじめにかきます。次（つぎ）に、
コンパスの開（ひら）きを２cm にし、３cm の
辺の両はしを中心にしてそれぞれ円を
かきます。この２つの円の交わった点
と、３cm の辺のはしをそれぞれつな
ぐと、二等辺三角形ができます。
❸　円の半径（はんけい）はどこでも等（ひと）しいことをり
ようします。

19 角とその大きさ

❶ ①辺　　　　　　②小さい
❷ ①あ　　②い　　③あ　　④い
　 ⑤あ　　⑥い　　⑦い　　⑧あ
❸ ①う、あ、い、え
　 ②え、あ、う、い
　 ③い、う、え、あ
　 ④あ、い、え、う
❹ ①あ　　　　②い　　　　③こ

🏠 おうちの方へ ❸　辺の開きぐあいが
大きいじゅんに答えます。わかりにく
いときは、うすい紙にうつしとってく
らべてみるのもよいでしょう。
❹　えの角は直（かく）角（ちょっかく）の３つ分の角です。

20 二等辺三角形と正三角形の角

❶ ①２、角　　　　②３、角
❷ ①(1)二等辺三角形　(2)正三角形
　 ②う　　　　③お、か
❸ ①う　　　②う　　　③あとい
❹ ①か　　　②お　　　③う
　 ④う　　　⑤え　　　⑥あ
　 ⑦いとか

🏠 おうちの方へ　二等辺三角形、正三角
形の辺の長さと角の大きさについて正し
くつかんでおきましょう。

21 まとめのテスト

❶ ①24 cm　　　②４cm
❷ ①
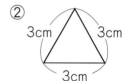

❸ ①う　　　　　②いとう
❹ ①う→あ→い　②う→い→あ
❺ ①正三角形　　②二等辺三角形
❻ ①16 こ　　　②７こ
　 ③３こ　　　④27 こ

🏠 おうちの方へ ❶　①直線アイの長さ
は半径（はんけい）の４つ分になっています。
❹　三角じょうぎを使（つか）って、角の開きぐ
あいをくらべます。
❺　２つの辺の長さが同じであれば二等
辺三角形、３つの辺の長さが同じであ
れば正三角形です。それぞれの三角形
のせいしつもおぼえましょう。
❻　④１辺（べん）が４cm である、いちばん大
きい三角形を数えわすれないようにし
ましょう。

1
①⑦3　　　　　①15
②⑦9　　　　　①20
③⑦1、90　　　①2、3
　⑦2、17
④⑦4、85　　　①5、20
　⑦5、35

2 ①道のり　　　　②1000

3
①1000　②2　　　③1005
④1050　⑤1150　⑥1500
⑦2300　⑧2850　⑨3150
⑩3600　⑪1、600 ⑫1、20
⑬1、450 ⑭2、400 ⑮2、80
⑯3

4 ①3km 50 m　　②2900 m

5
①まきじゃく　　②ものさし
③ものさし　　　④まきじゃく

🏠 おうちの方へ 長い長さとして、km
のたんいを学習します。

1 まきじゃくをよむときは、1目もり
の大きさをたしかめます。また、0の
目もりのいちに注意しましょう。

3 1km＝1000 m をもとにして考え
ます。km と m のかん係をしっかりお
ぼえましょう。

4 たんいをそろえてくらべます。
①3km 50 m＝3050 m
②2km 90 m＝2090 m

5 長いものや、まるいもののまわりを
はかるには、まきじゃくがべんりです。
ものさしは、短いものやまっすぐなも
のをはかるときに使います。

1
①700 m　②900 m　③670 m
④890 m　⑤460 m　⑥690 m
⑦430 m　⑧870 m　⑨600 m
⑩800 m　⑪920 m　⑫940 m
⑬930 m　⑭950 m

2
①200 m　②500 m　③700 m
④310 m　⑤330 m　⑥280 m
⑦550 m　⑧750 m　⑨180 m
⑩450 m　⑪690 m　⑫140 m

3
①600 m＋700 m＝1300 m
　＝1 km 300 m
②700 m＋400 m＝1100 m
　＝1 km 100 m
③500 m＋800 m＝1300 m
　＝1 km 300 m
④400 m＋900 m＝1300 m
　＝1 km 300 m
⑤800 m＋800 m＝1600 m
　＝1 km 600 m
⑥420 m＋760 m＝1180 m
　＝1 km 180 m
⑦510 m＋780 m＝1290 m
　＝1 km 290 m
⑧130 m＋870 m＝1000 m
　＝1 km
⑨640 m＋460 m＝1100 m
　＝1 km 100 m
⑩1 km－300 m＝1000 m－300 m
　＝700 m
⑪1 km－900 m＝1000 m－900 m
　＝100 m

⑫1km−400m=1000m−400m
=600m

⑬1km−670m=1000m−670m
=330m

⑭1km300m−600m
=1300m−600m=700m

⑮1km500m−700m
=1500m−700m=800m

⑯1km200m−900m
=1200m−900m=300m

🏠 **おうちの方へ** 2つのちがうたんいの
計算をいっしょにするのは、むずかしく
かんじるものですが、計算のしかたをり
かいし、くりかえし練習することででき
るようにしましょう。
❸ 答えが1000mをこえるときは、
○km○mと答えるようにします。
ひき算では、たんいをmにそろえて
計算します。

👑 24 長い長さの計算 ②

❶ ①3km500m ②2km800m
③2km650m ④2km850m
⑤1km700m ⑥1km800m
⑦3km900m ⑧1km200m
⑨1km300m ⑩1km200m
⑪1km300m ⑫2km
⑬2km200m ⑭1km600m
⑮600m ⑯1km900m

❷ ①1km800m+1km500m
=2km1300m=3km300m

②1km600m+1km700m
=2km1300m=3km300m

③1km700m+1km900m
=2km1600m=3km600m

④2km500m+1km600m
=3km1100m=4km100m

⑤2km700m+1km800m
=3km1500m=4km500m

⑥2km400m+1km600m
=3km1000m=4km

⑦3km100m−1km200m
=3100m−1200m
=1900m=1km900m

⑧3km500m−1km700m
=3500m−1700m
=1800m=1km800m

⑨2km600m−1km800m
=2600m−1800m=800m

⑩2km−1km500m
=2000m−1500m=500m

⑪3km−1km300m
=3000m−1300m
=1700m=1km700m

⑫4km200m−2km400m
=4200m−2400m
=1800m=1km800m

⑬4km100m−2km900m
=4100m−2900m
=1200m=1km200m

🏠 **おうちの方へ** ❶では、同じたんいど
うしを計算すれば答えになりますが、❷
では、同じたんいどうしを計算しただけ
では答えになりません。とくに、ひき算
では、たんいをそろえてから計算します。

❷ ⑦では、

3 km 100 m − 1 km 200 m
= 2 km 100 m − 200 m
= 1 km 1100 m − 200 m
= 1 km 900 m

と計算することもできます。なれてきたらいろいろとくふうしてみましょう。

👑25 重　さ

❶ ①100 g　②200 g　③250 g
④50 g　⑤750 g　⑥350 g
⑦130 g　⑧880 g　⑨490 g
⑩330 g

❷ ①2000　②1100　③1040
④2500　⑤2010　⑥3000
⑦3200　⑧4300　⑨2
⑩1、400　⑪1、80　⑫2、500
⑬3、800　⑭3、20　⑮1000
⑯2

❸ ①3 kg　　②1300 g
③2 kg 50 g　④5 kg

🏠 おうちの方へ 重さのたんいを学習します。1円玉が1 g、水1 Lが1 kg などから、重さのかんかくもつけたいものです。
❶ 目もりの0の下にかいてある1 kg まではかることができます。いちばん小さい1目もりは、100 gを10に分けた1つ分で、10 gです。
❷ 1 kg＝1000 g、1 t＝1000 kg から考えます。
②1 kg＝1000 gだから、1 kg 100 g は1100 gになります。
⑯1000 kg＝1 tだから、2000 kg は2 tになります。

👑26 いろいろなはかり①

❶ ①350 g　②780 g
③190 g　④1 kg 700 g（1700 g）
⑤100 g　⑥700 g
⑦85 g　⑧137 g

❷ ①635 g　②1 kg 150 g（1150 g）
③830 g　④1 kg 680 g（1680 g）

❸ ①1 kg 700 g　②2 kg 250 g
③3 kg 350 g　④185 g

🏠 おうちの方へ はかりは、はかるものの重さによって、いろいろなものが使われます。はかりの目もりをよむときは、大きな目もりからじゅんに考えて、1目もりが何 gになっているかを調べることがたいせつです。
❶ ③このはかりは、2 kg まではかれて、いちばん小さい1目もりは10 gです。

👑27 いろいろなはかり②

❶ ①245 g　　②7 kg 700 g
③6 kg 600 g　④31 kg
⑤73 kg

❷ ①60 g　②20 g　③28 kg

❸ ①エ　②ウ　③イ　④ア

❹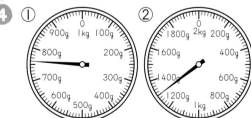

❺ ①g　②kg　③g　④kg　⑤kg

🏠 おうちの方へ ❶ いちばん小さい1目もりは、③では20 g、④では500 g、⑤では200 gです。

91

❺ 重いものをはかるときは、kg のた
んいを使います。

👤 **28 重さの計算**

❶ ①900 g　　②800 g
③770 g　　④860 g
⑤400 g　　⑥260 g
⑦400 g　　⑧360 g

❷ ①500 g＋700 g＝1200 g
　＝1 kg 200 g
②900 g＋400 g＝1300 g
　＝1 kg 300 g
③800 g＋700 g＝1500 g
　＝1 kg 500 g
④640 g＋380 g＝1020 g
　＝1 kg 20 g
⑤270 g＋730 g＝1000 g
　＝1 kg
⑥1 kg－200 g
　＝1000 g－200 g＝800 g
⑦1 kg－600 g
　＝1000 g－600 g＝400 g
⑧1 kg－400 g
　＝1000 g－400 g＝600 g
⑨1 kg 500 g－800 g
　＝1500 g－800 g＝700 g
⑩1 kg 300 g－700 g
　＝1300 g－700 g＝600 g

❸ ①3 kg 800 g　②2 kg 700 g
③2 kg 850 g　④1 kg 900 g
⑤1 kg 900 g　⑥3 kg 700 g
⑦1 kg 400 g　⑧2 kg 200 g
⑨1 kg 500 g　⑩2 kg

⑪1 kg 100 g　⑫700 g

❹ ①1 kg 900 g＋1 kg 200 g
　＝2 kg 1100 g＝3 kg 100 g
②1 kg 500 g＋1 kg 800 g
　＝2 kg 1300 g＝3 kg 300 g
③1 kg 700 g＋1 kg 900 g
　＝2 kg 1600 g＝3 kg 600 g
④3 kg 200 g－1 kg 400 g
　＝3200 g－1400 g
　＝1800 g＝1 kg 800 g
⑤2 kg 700 g－1 kg 900 g
　＝2700 g－1900 g＝800 g
⑥2 kg－1 kg 300 g
　＝2000 g－1300 g＝700 g

🏠 **おうちの方へ** 重さの計算は、長さの
計算と同じように、同じたんいどうしを
計算します。また、答えが 1000 g を
こえるときは、○ kg ○ g とします。
❹ ④～⑥では、g のたんいどうしがひ
けないので、たんいを g にそろえて
から計算します。

👤 **29 たんいのかん係**

❶ ①kg　　②L　　③m
④g　　⑤km
❷ ①cm　　②dL　　③g
❸ ①1000　　②1
③1000　　④1000
❹ ①2000 m　　②500 cm
③100 mm　　④12000 mm
⑤30 dL　　⑥4000 mL
⑦1200 mL　　⑧10000 mL
⑨2000 g　　⑩15000 g
⑪30 m　　⑫5 m

⑬40 L　　　⑭72 kg
5 ①1800 g　②26 dL　③170 cm

ア おうちの方へ **③**　1 km＝1000 m、
1 m＝100 cm、1 L＝10 dL、1 L＝
1000 mL、1 kg＝1000 g のかん係
をおぼえておきましょう。

④　1 km＝1000 m＝100000 cm
＝1000000 mm、1 L＝10 dL＝
1000 mL です。

⑤　①200×4＝800 だから、ボールは
あわせて 800 g です。1 kg＝1000 g だ
から、800＋1000＝1800 で、1800 g
となります。
②2 L＝20 dL です。
③2 m＝200 cm だから、200−30＝
170 で、赤いひもが 170 cm 長いです。

👑30　時こくと時間

1 ①1　　　②1　　　③60
2 ①20 分　　　②45 分
　　③3 時間　　　④2 時間
3 ①午前 10 時　②午前 9 時
　　③午前 10 時 30 分④午前 8 時 30 分
4 ①午前 4 時 30 分②午後 6 時 15 分
　　③5 時間　④3 時間　⑤6 時間
5 ①60　　②75　　③86
　　④120　　⑤126　　⑥190
　　⑦1　　⑧1、36　⑨3
　　⑩3、20

アおうちの方へ　時こくと時間のちがい
をしっかりとりかいします。1 時間
＝60 分、1 分＝60 秒であることをお
さえましょう。
4の⑤は、午前 8 時から正午までと、正
午から午後 2 時までに分けて考えます。

👑31　時こくと時間の計算 ①

1 ①25 分　　②35 分　　③55 分
　　④35 分　　⑤45 分　　⑥17 分
　　⑦48 分
2 ①午後 3 時 25 分②午後 1 時 55 分
3 ①午前 8 時 10 分②午前 11 時 5 分
　　③午前 10 時 25 分④午後 5 時 40 分
　　⑤午後 1 時 45 分⑥午後 4 時 30 分

アおうちの方へ　**1**　2 つの時こくの間
の時間は、数の線をかいて考えてもよ
いです。②では、4 時 35 分から 5 時
までの 25 分と、5 時から 5 時 10 分
までの 10 分とに分けて考えます。
3　①7 時 40 分から 8 時までの時間は
20 分です。あと 10 分たった時こく
だから、8 時 10 分になります。
④6 時 20 分から 6 時までの時間は
20 分です。あと 20 分前の時こくだ
から、5 時 40 分になります。

👑32　時こくと時間の計算 ②

1 ①40 分　　　②35 分
　　③45 分　　　④40 分
2 ①午前 10 時 25 分②午前 11 時 25 分
　　③午後 9 時 20 分④午前 6 時 40 分
3 ①1 時間 15 分　②55 分
　　③4 時間　　　④6 時間 30 分
　　⑤5 時間 30 分　⑥午後 2 時 35 分
　　⑦午前 11 時 40 分⑧午前 10 時 20 分

アおうちの方へ　時計の図がなくても、
頭の中で、時計を思いうかべて、問題が
とけるようにがんばりましょう。
3　午前から午後への時間は、正午で 2
つに分けて考えます。

③午前9時50分から正午までの2時間10分と、正午から午後1時50分までの1時間50分をあわせて、4時間です。

🐰33 表づくり

❶ ①⑦正正　　　⑦下　　　⑦正
　②⑦7　　　　⑦10　　　⑦3
　　⑤5　　　　⑦25
　③25人　　　　　④ホットケーキ

❷ ①⑦正正　　　　⑦正正下
　　⑦下　　　　⑦正
　②⑦10　　　⑦13　　　⑦3
　　⑤4　　　　⑦30
　③30人　　　　　④ラインサッカー
　⑤ハンドベース

🐰34 ぼうグラフのよみ方

❶ ①ぼうグラフ　　②1台
　③白　　　④11台　⑤4台
❷ ①10回
　②⑦130回　　　　⑦100回
　　⑦60回　　　　⑤30回
❸ ①200円　　　②2800円
　③0円　　　　④1000円
❹ ①7こ　　　②8人
　③15台　　　④80m

🐰35 ぼうグラフのかき方

❶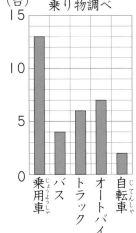

❷

❸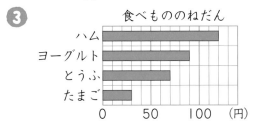

❷ ②いちばん多い人数は、ハンバーグの11人だから、1目もりを1人とします。

❸ いちばん高いねだんは、ハムの120円だから、1目もりを10円にします。

36 表やグラフを使って

❶ ①

町名 ＼ 組	1組	2組	3組	合計
東　町	9	5	8	22
西　町	10	9	7	26
南　町	7	11	10	28
北　町	6	8	7	21
合　計	32	33	32	97

②22人 ③南町
④32人 ⑤97人

❷ ①11人
②童話（どうわ）
③2人

④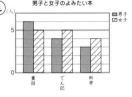
男子と女子のよみたい本

おうちの方へ 2つい上のことをいっしょに考えるのはむずかしいものです。そこで、2つい上のことがらを1つの表（ひょう）やグラフにまとめ、考えるとわかりやすくなります。

37 まとめのテスト

❶ ①4000 ②7 ③2080
④3、250 ⑤9000 ⑥1800
⑦2、40 ⑧kg ⑨150
⑩1、25 ⑪2、40 ⑫200

❷ ①4km200m ②4km300m
③800m ④1km600m
⑤2kg200g ⑥800g

❸ ①午後4時25分 ②午後2時55分
③1時間20分

❹ ①⑦7　　①4　　⑦9
　⑤6　　⑥4
②右の図
③チョコレート

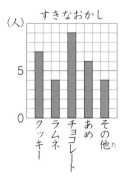
すきなおかし

おうちの方へ ❹ ①数えおとしや2度数えたりしないように、しるしをつけながら数えるようにしましょう。その他（た）には、せんべい、マシュマロ、ガムが入ります。

38 しあげのテスト1

❶ ①37042000 ②52000000
③76000 ④45

❷ ①3.5 ②2.3
③7 ④0.6

❸ ①4.3 ②$\frac{7}{9}$ ③$\frac{5}{4}$

❹ ①1、80 ②6
③80 ④3500

❺ ①2時間40分 ②午前9時40分
③午後3時30分

❻ ①い、う ②え

❼ ①2m ②18m
③ゆうと ④4m

👑 39 しあげのテスト2

1 ①4、3　②580
　　③27　④6

2 ①4.5、4.1、3.9
　　②$\frac{9}{7}$、1、$\frac{6}{7}$

3 ①330 g　②1 kg 110 g

4 ①600 m＋800 m
　　＝1400 m＝1 km 400 m
　　②1 km 200 m－400 m
　　＝1200 m－400 m＝800 m
　　③1 kg 400 g＋900 g
　　＝1 kg 1300 g＝2 kg 300 g
　　④2 kg 500 g－600 g
　　＝2500 g－600 g
　　＝1900 g＝1 kg 900 g

5 ①6 cm　②二等辺三角形
　　③9 cm

6 ①　　②

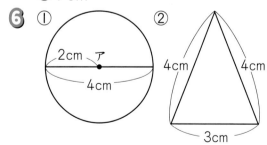

7

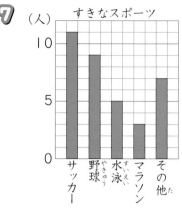

すきなスポーツ
（人）

サッカー　野球　水泳　マラソン　その他

👑 40 4年生の勉強

1 639582000000

2 8325007000

3 五十一億八千四百二十万

4 ①8　②9　③9　④1